초등학생을
위한
인공 지능
교과서

2

초등학생을 위한 인공 지능 교과서

인공 지능은 내 친구

김재웅, 김갑수, 김정원, 김세희, 진종호, 이문형
최종원 감수 | 최연우, 박새미 그림
중앙대학교 인문콘텐츠연구소 HK+ 인공지능인문학사업단 기획

사이언스 북스
SCIENCE BOOKS

책을 펴내며

우리의 일상이 디지털 기술과 맞물려 새로운 세상으로 전환되어 가고 있습니다. 인공 지능 기술 역시 매일 새로운 모습으로 우리 곁에 다가오고 있습니다. 신경망 학습으로 구글 번역은 언어 간 번역을 하고, 생성형 인공 지능은 사람이 글을 작성하는 것처럼 글을 작성해 주고, 그림을 그려 주고 음악을 만들어 주고 있습니다. 이러한 최근의 인공 지능 기술은 신경 과학과 뇌과학, 그리고 정보 처리 알고리듬의 비약적인 발달에 기반하고 있습니다. 최근 젊은 과학자들은 의수를 가진 사람들에게 촉감을 제공하거나, 인간의 두뇌와 기계를 원활하게 연결하는 칩을 설계하는 등 점차 우리 몸의 기능을 대체하는 인공 지능 기술도 연구하고 있습니다. 앞으로 여러분은 좀 더 진일보한 인공 지능의 시대를 살아가게 됩니다. 따라서 여러분의 일상 생활과 하는 일에도 많은 변화가 찾아올 것입니다.

우리의 초등학교 인공 지능 교육은 먼저 시작한 미국이나 유럽, 중국에 비하면 이제 시작 단계입니다. 인공 지능의 원리를 이해하고 활용하기 위한 준비가 필요한 때입니다.

이 책은 친구와 대화를 나누듯이 인공 지능을 이해하고 학습할 수 있도록 구성되었습니다. 인공 지능이 인간의 지능과는 어떻게 다를까? 인공 지능은 어떻게 학습하고, 우리의 일상 생활에 어떻게 활용되고 있을까? 인공 지능이 우리처럼 생각하고 그림을 그릴 수 있을까? 인공 지능이 일반화된, 미래의 우리 생활 모습은 어떻게 변해 있을까? 이 책은 여러 궁금증에 대한 답을 찾고 응용할 수 있는 사고력을 기를 수 있도록 인공 지능 학습에 꼭 필요한 지식을 7개의 영역으로 나누어 담았습니다.

현실 세계와 똑같은 디지털 세계의 쌍둥이 구조물에서 실험도 하고, 놀이를 통해 배우고, 여러분만의 아바타를 이용하여 판타지의 세계를 만들 수도 있습니다. 이제 인공 지능을 학습하고 우리의 미래에 할 일을 생각해 봐야겠지요.

이 책은 서울교육대학교 김갑수, 김정원 교수님, 그리고 중앙대학교 이문형, 김세희, 진종호 석박사들이 함께 만들었습니다. 이 책이 나오기까지 초고를 읽고 감수를 맡아 주신 중앙대학교 최종원 교수님과 출간까지 애써 주신 HK+ 인공지능인문학사업단 단장님이신 이찬규 교수님과 관계자 분들, 그리고 (주) 사이언스북스 편집진 여러분께 고마움을 전합니다.

차례

1부

인공 지능을 만든 사람들

1. 인공 지능은 무엇인가요?

1. 인공 지능이란 무엇일까요?
2. 튜링 테스트를 통과하면 인공 지능!
3. 인공 지능과 튜링상
4. 존 매카시의 리습(LISP) 언어
5. 퍼셉트론의 개발
6. 길찾기
7. 게임과 인공 지능
8. 이세돌을 이긴 알파고

2. 인공 지능 체험하기

1. 길찾기 체험

■ 사고력과 창의력 키우기

활동 1 다양한 길 찾는 방법 (가장 거리가 짧은 길찾기)

활동 2 인공 지능 학습

활동 3 인공 지능 추론

1 인공 지능은 무엇인가요?

1. 인공 지능이란 무엇일까요?

소연 박사님, 안녕하세요! 제가 **인공 지능**이 무엇인지 매우 궁금한데요, 오늘 박사님께 기초부터 잘 배워 보려고요.

박사님 소연이 반가워요. 그렇다면 인공 지능이 무엇인지부터 시작해 볼까요? 인공 지능이란 지능을 가진 기계입니다. 사람이 두뇌를 가지고 생각하고 행동할 수 있는 지능을 가진 것처럼, 기계가 사람처럼 두뇌를 갖고 행동하는 것입니다. 사람이 눈, 코, 귀를 통하여 정보를 입력받는 것처럼 기계도 카메라, **센서**, 마이크를 통하여 정보를 입력받는 것입니다.

소연 그러니까 사람들은 정보가 들어오면 뇌를 통해서 학습하고 판단하는 것처럼 기계도 사람의 뇌처럼 학습하고 판단하는 것이군요.

박사님 네 맞아요. 사람이 말(언어)로 의사 소통하는 것처럼 기계도 서로의 언어를 통하여 의사 소통하는 것입니다. 사람은 뇌에서 판단해 움직이게 하는

인공 지능이란?

인공 지능은 사람과 같은 지능을 갖는 강한 인공 지능과 사람의 흉내를 내는 약한 인공 지능으로 나누고 있습니다. 지금의 인공 지능의 수준은 특정 분야에 한정하여 사람과 같이 흉내를 내는 약한 인공 지능입니다. 언젠가는 사람과 같은 강한 인공 지능이 개발될 것입니다.

것처럼 기계도 움직이고 행동하게 하는 것입니다. 이처럼 인공 지능은 사람들과 똑같이 정보를 입력받고, 학습하여 판단하고, 서로 사물을 알아보고, 소통하고, 움직일 수 있는 기계입니다. 처음에는 사람이 인공 지능을 만들었지만 인공 지능이 스스로 새로운 지능을 만들어 내기도 한답니다.

센서란?

센서란 어떤 정보를 수집하여 기계가 처리할 수 있는 신호를 만드는 소자입니다. 사람은 눈을 통해서 시각 정보를 얻습니다. 그러면 눈은 시각 정보를 만드는 소자와 같은 것입니다. 온도 센서는 온도를 측정하는 소자입니다. 핸드폰에도 많은 센서가 있습니다.

2. 튜링 테스트를 통과하면 인공 지능!

소연 박사님! 인공 지능이 사람처럼 소통할 수 있다면 정말 사람인지 인공 지능인지 구별할 수 없을 수도 있겠어요.

박사님 충분히 그럴 수 있지요. 기계가 인간과 얼마나 비슷하게 대화할 수 있는지를 기준으로 기계에 지능이 있는지를 판별하는 **튜링 테스트**를 기억하지요? 보통 튜링 테스트를 통과하면 인공 지능 시스템이라고 합니다. 지금까지 튜링 테스트를 통과한 시스템은 많이 있답니다. 최근에는 구글에서 개발하여 서비스하고 있는 **구글 어시스턴트**가 튜링 테스트를 통과했다고 합니다.

유튜브 검색창에서 "google assistant sundar pichai"를 입력하면, 구글 어시스턴트가 실제 미용실에 전화를 걸어 미용실 직원과 커트 시간을 성공적으로 예약하는 장면을, 구글의 CEO인 선다 피차이가 설명하는 것을 볼 수 있습니

앨런 튜링은 누구?

앨런 튜링(1912-1954년)은 1936년 튜링 기계를 만들어 현대 컴퓨터의 창시자로 불립니다. 또한 1950년 튜링 테스트를 제안하고 인공 지능 컴퓨터의 개념을 만들어서 인공 지능의 아버지라고도 합니다. 제2차 세계 대전 중에 독일의 암호를 해독하는 암호 연구로도 매우 유명합니다. 「이미테이션 게임」이라는 영화의 주인공이기도 합니다.

선다 피차이는 누구?

선다 피차이(1972년 7월 1일생)는 인도에서 IIT 대학을 졸업하고 미국 스탠퍼드 대학교에서 공부한 후에 2015년부터 구글 CEO(대표이사)를 하고 있는 사람입니다.

다. (아니면 주소창에 https://www.youtube.com/watch?v=D5VN56jQMWM을 직접 입력해 보세요.)

최근에는 오픈AI(OpenAI)가 개발한 챗GPT(ChatGPT)가 튜링 테스트를 통과했다고 합니다. 빅스비, 미니, 지니처럼 집에서 비서로 사용하고 있는 각종 스피커들은 여러분이 사람이라고 느끼지 못하기 때문에 인공 지능이라고 볼 수 없겠지요. 소연이 생각은 어떤가요?

3. 인공 지능과 튜링상

박사님 소연이는 노벨상을 들어보았지요? 컴퓨터 과학자들에게도 노벨상 같은 큰 상이 있습니다. 바로 **튜링상**이지요.

소연 아 그렇군요. 그럼 인공 지능을 연구한 사람 중 튜링상을 받은 사람이 있나요?

박사님 **마빈 민스키**라는 사람이 받았습니다. 민스키는 1951년 세계에서 처음으로 인공 신경 기계인 SNARC(Stochastic Neural Analog Reinforcement Calculator)라는 것을 만들었습니다. 이 업적을 인정받아 1969년 튜링상을 받았습니다. 인공 지능이라는 개념을 공동 창시한 **존 매카시**는 2년 후인 1971년

민스키는 누구?
마빈 민스키(1927-2016년)는 1951년 SNARC 라는 인공 신경 기계를 만들었고, 시모어 페퍼트와 같이 1950년 거북 로봇을 개발하였습니다.

에 이 상을 받았습니다. 아직 한국 사람은 아무도 튜링상을 받지 못했습니다. 소연이 같은 우리 어린이들이 이 상에 도전해 볼 수 있지 않을까요?

인공 신경 기계 SNARC.

소연 예, 도전하겠습니다!! 그런데 튜링상을 받은 사람들은 어디에 가면 알 수 있나요?

박사님 소연이도 튜링상을 도전해 보기 위해서 튜링상 받은 사람들을 소개하는 사이트를 알면 매우 좋을 것 같습니다. 다음 사이트(https://amturing.acm.org/ 또는 https://ko.wikipedia.org/wiki/튜링상)에 가면 자세히 나와 있습니다. 지금까지 튜링상을 받은 사람들을 보면 인공 지능, 프로그래밍 언어, 암호 분야를 연구한 컴퓨터 과학자들이 제일 많다는 것을 알 수 있습니다. 모르는 단어나 이해하기 어려운 용어가 아주 많이 나오겠지만 소연이가 앞으로 차차 관심을 가지면 알 수 있을 것입니다.

소연 잘 알겠습니다. 일단 인공 지능 분야를 연구하면 튜링상을 받을 가능성이 높겠군요.

박사님 인공 지능뿐만 아니라 컴퓨터 과학에 대한 전반적인 내용도 공부할 필요가 있습니다. 앞으로 소연이의 활약을 기대해 보겠습니다.

4. 존 매카시의 리습(LISP) 언어

박사님 인공 지능이란 말을 처음 제안한 존 매카시 기억하지요? 매카시는 인간과 같은 지능이 있는 기계를 만들기 위해서는 과학과 공학을 잘 발전시켜 활용하는 것이 필요하다는 논문을 썼답니다. 그때가 1955년입니다. 그는 처음으로 인공 지능이라는 말을 사용했답니다. 또한 인간의 지성을 갖는 프로그램이 미래에 존재할 것이라고 예측했지요. 이런 예측이 60여 년이 지난 현재 실현되고 있는 것입니다. 우리의 상상력이 얼마나 놀라운 힘을 갖는지 알 수 있겠지요?

매카시는 누구?
존 매카시(1927-2011년)는 1956년 인공 지능이라는 용어를 처음 사용한 그룹의 리더입니다. 초기 인공 지능 언어인 리습을 만들었습니다. ALGOL 언어 개발에 공동으로 참여하였습니다.

소연 예, 우리가 머릿속으로 상상했던 일들이 실제 일어난다니 정말 대단한 것 같아요.

박사님 또한 존 매카시는 1958년에 초기의 인공 지능 언어인 **리습(LISP)**을 개발했답니다. 리습 언어가 어떤 것인지 잠깐 경험해 봅시다. 다음 예시를 보면 그 원리를 이해할 수 있을 것입니다.

> 1+2+3+4+5=15를 수행하는 프로그램을 리습 언어로 표현하면 다음과 같습니다.
>
> (+ 1 2 3 4 5)
>
> 5+4-3=6을 수행하는 프로그램을 리습 언어로 표현하면 다음과 같습니다.
>
> (- (+ 5 4) 3)

소연 이 언어는 우리가 수학 시간에 배운 것하고는 조금 다른 것 같아요.

박사님 그렇지요? 수학은 4 더하기 5를 할 때 4+5입니다. 리습 언어는 기호를 앞에 두는 것입니다. 즉 4 더하기 5를 리습 언어로 표현하면 (+ 4 5)입니다. 이 둘의 차이점을 알 수 있겠지요?

수학으로 표현한 것을 리습 언어로 표현하는 것을 조금 더 살펴봐요. 4+5×6의 수학식을 리습 언어로 표현하면 (+ 4 (× 5 6))이라는 것을 이해할 수 있겠죠?

이것과 비슷한 (4+5)×6의 수학식을 리습 언어로 표현하면 (× (+ 4 5) 6)이라는 것도 이해할 수 있을 거예요.

소연 예, 알 것 같아요. 모든 것에 괄호가 있고, 곱셈 기호나 덧셈 기호 같은 연산자가 앞에 있다는 것이 특징이네요.

5. 퍼셉트론의 개발

소연 박사님! 인공 지능이 사람의 뇌와 비슷한 원리로 만들어졌다는데 좀 더 자세히 알고 싶어요.

박사님 음, 이번에는 뉴런이라는 두뇌의 신경 세포를 닮은 **퍼셉트론(Perceptron)**이라는 것을 개발한 이야기를 해 주면 설명이 될 것 같군요. 1958년 미국 IBM 사에서 뇌의 기본 단위인 뉴런과 같은 것을 프로그램으로 개발하였는데, 이것이 바로 퍼셉트론 알고리듬입니다.

퍼셉트론은 누가?
퍼셉트론은 워런 맥컬록(Warren McCulloch)과 월터 피츠(Walter Pitts)에 의해 발명되었습니다.

이것을 본 사람들은 단순한 컴퓨터 프로그램이 아니라 인간의 지능을 갖는 기계가 되리라 생각했답니다. 당시 《뉴욕 타임스》 기사를 보면, 퍼셉트론 알고리듬을 본 전문가들이 앞으로는 컴퓨터가 걸을 수 있고, 서로 이야기할 수 있으며, 서로 볼 수 있고, 글을 쓸 수 있고, 자기 자신을 복제하고 자기 존재를 의식할 수 있을 거라고 적고 있습니다. 이때부터 컴퓨터 언어도 발전하여 이를 이용하여 많은 복잡한 문제들을 해결하기 위한 도전을 시작했습니다.

소연 박사님! 퍼셉트론 알고리듬을 쉽게 다시 설명해 주세요.

박사님 그림을 보면 쉽게 이해가 될 거예요. 먼저 뉴런의 구조를 자세히 보면 다음 그림과 같아요. 아래 그림에는 입력값이 여러 개 있고, 입력값들을 계산하여 출력값을 갖게 하는 것이 인공 신경망입니다.

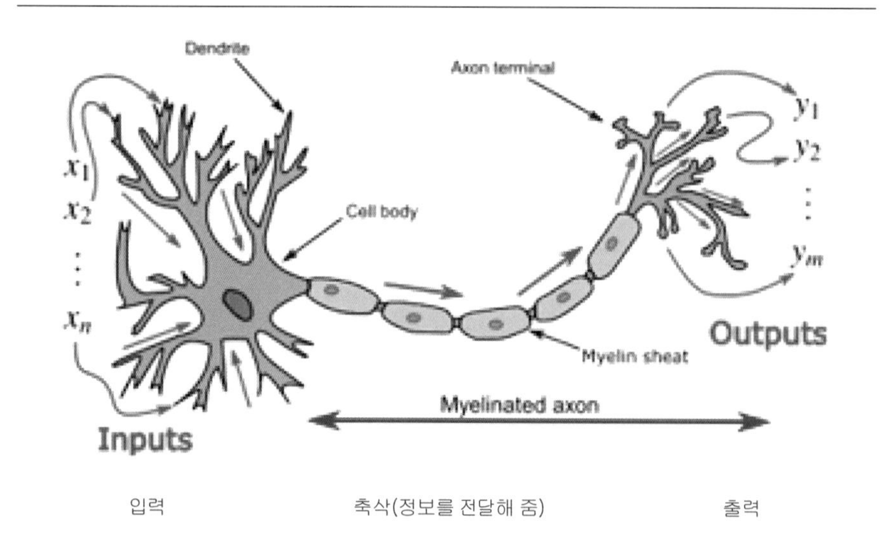

입력 축삭(정보를 전달해 줌) 출력

소연 아, 그러니까 신경을 인공적으로 만들어서 사용한 것이군요. 그런데 인공 신경망이 어떻게 움직이는 것이죠?

박사님 소연이가 좋은 질문을 했군요. 예를 들어볼게요. 소연이는 엄마와 아빠의 말씀을 듣고 자라고 있어요. 그중 거리에서 사고가 나지 않도록 교통 안전에 대한 말씀도 많이 하셨을 것입니다. 일반적으로 전문가들은 교통 안전 교육을 16번 이상 받으면 교통 안전을 잘 지키는 뉴런(신경 세포)이 만들어진다고 가정합니다. 즉 이런 교통 안전 뉴런이 있다는 것입니다.

자, 엄마가 교통 안전 교육을 10번 하였고, 아빠가 5번을 했다고 가정하면 엄

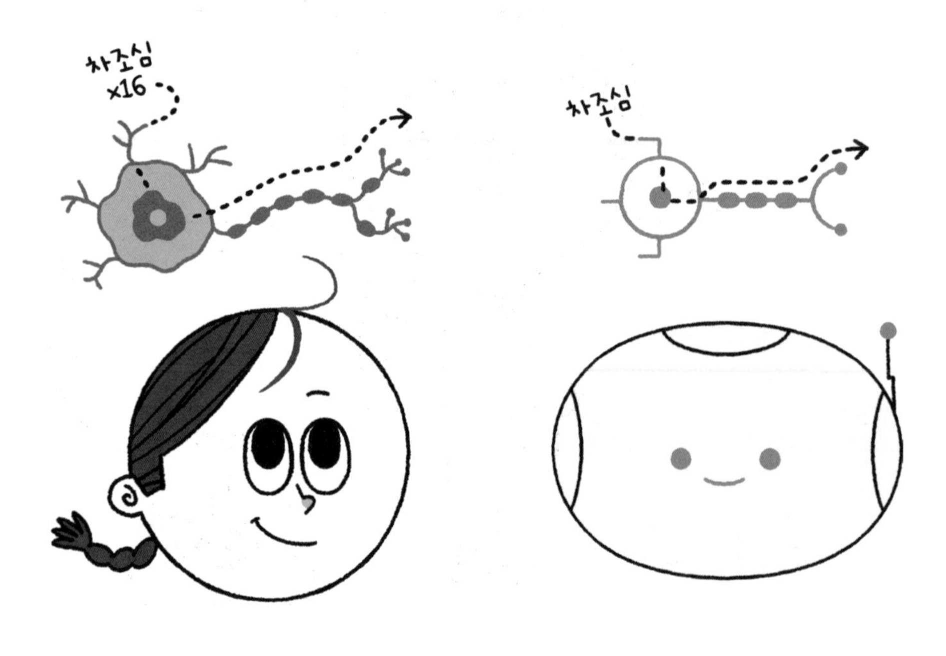

마의 입력값에는 10이라는 값이 있고, 아빠의 입력값에는 5라는 값이 있습니다. 엄마와 아빠의 소연이에 대한 교육값이 총 15이기 때문에 교통 안전 뉴런이 아직 만들어지지 않아 소연이는 교통 안전을 잘 지키지 못할 것입니다. 만약 엄마와 아빠의 교통 안전 교육 횟수를 더한 값이 16 이상이면 소연이는 교통 안전을 잘 지키게 되는 것입니다.

소연 박사님! 잘 이해가 되었어요. 이제 힘이 나서 저도 튜링상에 도전할 수 있을 것 같아요. 감사합니다!

6. 길찾기

소연 박사님! 또 궁금한 게 있어요. 컴퓨터 언어로 복잡한 문제를 해결하는 것 중에 하나만 쉬운 것으로 설명해 주세요.

박사님 그래요. 길을 찾는 경우를 생각해 봅시다. 아래 그림에서 강남역에서 대치역까지 가는 방법은 몇 가지인지, 그리고 어떤 길로 가는 것이 가장 빨리 찾아가는 길인지 생각해 볼까요? 소연이는 가로, 세로로 난 많은 길을 보면서 가는 방법은 매우 많다는 것을 금방 눈치챘을 것입니다. 인공 지능은 이런 많은 경우의 수를 사람보다 훨씬 빠르게 계산하고 판단하여 보여 주는 시스템으로 발전하고 있답니다.

소연 경우의 수가 너무 많으면 복잡해서 사람이 하기 힘든데, 인공 지능은 그

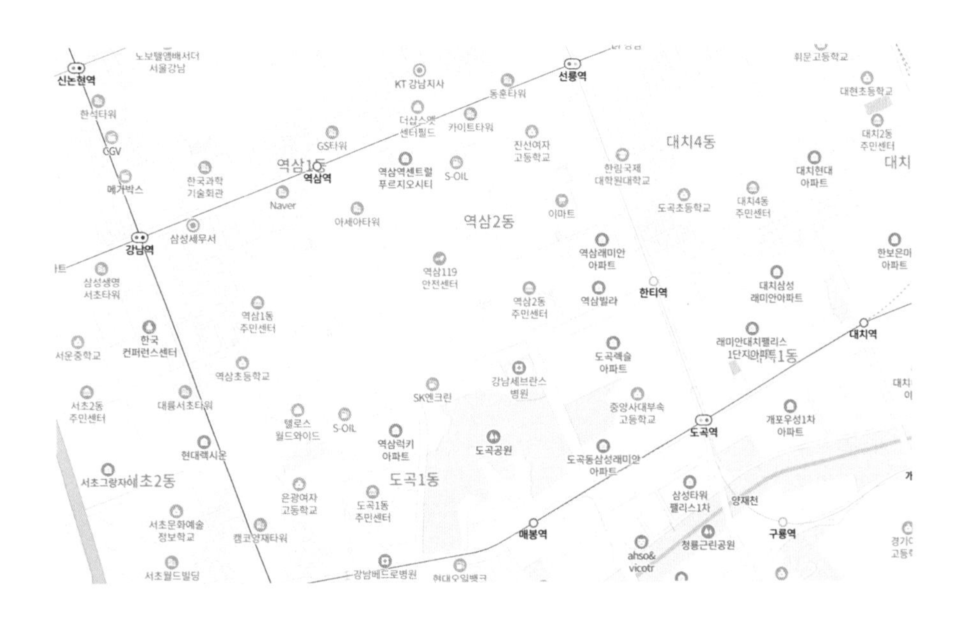

런 일을 빠르게 해낼 수 있다니, 인공 지능은 우리 생활을 정말 편리하게 해 주는 것 같아요.

7. 게임과 인공 지능

소연 박사님! 저와 제 친구들은 게임을 좋아하는데, 게임에도 인공 지능이 사용될 수 있나요?

박사님 예, 많이 사용됩니다. 체스 게임을 예로 들어볼게요. 미국 IBM 사는 1988년 '딥 소트(Deep Thought)'라는 체스 게임용 인공 지능을 만들어 미국 체스 대회에 나갔답니다. 1989년에는 체스 세계 일인자인 가리 카스파로프에게 이길 수 없었지요. IBM 연구소에서는 카스파로프를 이기기 위해서 딥 소트를 발전시킨 '딥 블루(Deep Blue)'를 만들어서 1996년에는 졌지만 1997년 두 번째 대결에서 마침내 이겼습니다. 이때 미국에서는 컴퓨터가 인간을 이겼다고 신문에 크게 나왔답니다.

박사님 소연이는 미국 텔레비전에서 하는 「제퍼디」라는 퀴즈 쇼를 들어보았나요?

소연 예, 본 적이 있어요. 문제마다 가격이 붙어 있어서 맞힌 만큼 상금을 받는 인기 있는 퀴즈 방송이라고 엄마가 설명해 주셨어요.

박사님 소연이가 잘 알고 있군요. IBM에서 2011년에 IBM 왓슨이라는 컴퓨터를 만들어서 이 제퍼디 퀴즈 대회에 나갔지요. 최장 기간 우승자인 켄 제닝스와 최다 상금을 탄 브래드 루터가 IBM 왓슨과 겨뤄 우승을 했답니다. 그때의 우승 장면은 인터넷 검색어 "jeopardy ibm watson"을 입력해 보면 확인할 수 있습니다. 이젠 이 왓슨 컴퓨터가 발전하여 인공 지능 의사 등의 프로그램으로 성장하고 있답니다.

8. 이세돌을 이긴 알파고

박사님 소연이는 우리나라 바둑의 거장인 이세돌과 알파고가 겨룬 이야기를 알고 있나요?

소연 예, 텔레비전에서 보았어요. 그런데 누가 알파고를 만들었는지 궁금해요, 박사님!

박사님 그럼 구글과 알파고 이야기를 해 보도록 하겠습니다. 1997년 설립된 구글이라는 회사는 최고의 검색 시스템을 만들고 최고의 지식 정보를 처리하고자 하였습니다. 구글 설립자인 래리 페이지(Larry Page)와 세르게이 브린(Sergey Brin)은 10의 100제곱까지의 데이터를 처리하는 시스템을 만들자는 목표를 세웠습니다. 그래서 10의 100제곱을 의미하는 구골(googol)을 만들려고 도메인을 등록하였는데 스펠링을 잘못 써서 구글(Google)이 되었다고 합니다. 마치 우리가 받아쓰기를 잘못한 것처럼요.

구글이라는 회사는 영국의 딥마인드 사를 인수하여 IBM의 인공 지능에 도전하고 싶었습니다. 그래서 경우의 수가 가장 많은 바둑을 두는 인공 지능인 **알파고**를 개발한 것이지요. 알파고가 이세돌 9단과 대전할 때에 영국의 국기를 보았을 것입니다. 딥마인드가 영국 회사였기 때문이죠.

소연 아, 그래서 2016년에 이세돌 9단과 대국을 한 것이지요?

박사님 맞습니다. 2016년 3월 9일부터 15일까지 이세돌과 알파고가 5번의 대국을 하였고, 그 결과 4대 1로 알파고가 이겼습니다. 이때부터 우리나라의 많은 사람이 인공 지능이라는 것을 알게 되었고, 인공 지능이 미래의 산업이라는 것을 알게 되었습니다.

알파고는 사람이 바둑을 둔 데이터를 이용하여 학습한 것을 바탕으로 만든 것입니다. 이후 알파고는 스스로 기계끼리 학습하여 만든 알파고 2.0버전인 '알파고 제로'를 만들어 2017년 5월 27일에는 세계 바둑 일인자인 커제(柯潔)라는 사람에게 3전 3승을 거두었습니다. 알파고 제로는 이후에 상대가 없어서 더 이상 학습하지 않는다고 합니다.

박사님 우리는 알파고가 학습하면 할수록 더욱 똑똑해진다는 것을 알게 되었습니다. 이 알파고 제로는 36시간 학습한 후에 이세돌과 상대한 알파고를 만들 수 있고, 72시간(490만 판)을 학습한 뒤에는 실전과 동일한 조건으로 뒀을 때(제한 시간 2시간) 알파고와 100번 둬서 100승을 거두었습니다. 40일(2900만 판)을 학습한 후에는 이 세상 어떤 것과 대결해도 이길 수 있게 되었습니다. 이때 사용한 방법이 '강화 학습'이었는데, 무(無)에서 신의 경지에 도달할 수 있다고 해서 '알파고 제로'라고 하였습니다. 이것으로 구글은 모든 대국에서 승리할 수 있다고 판단하여 그 이후로 학습을 하지 않고 있습니다.

소연 와, 정말 구글도 알파고도 대단한 것 같아요.

박사님 그렇지요? 현재는 그 기술들을 이용하여 얼굴 인식, 음성 인식, 몸짓 인식 등을 할 수 있는 알고리듬으로 발전하고 있답니다.

2 인공 지능 체험하기

1. 길찾기 체험

새로운 곳을 찾아 여행을 떠나는 것은 항상 신나는 일이지요.

이번 여름 캠프가 부산에 있는 해운대 해수욕장에서 열리는데, 서울교육대학교 운동장에 모여서 출발한다고 가정하고, 인터넷의 여러 길찾기 인공 지능을 체험해 보도록 합시다.

1) 네이버 지도(map.naver.com)로 길찾기.

① 먼저 인터넷에서 네이버 지도(map.naver.com)를 검색합니다.

② '길찾기'를 누르면, 출발지와 목적지를 선택하는 화면이 뜹니다.

③ 출발지는 '서울교육대학교', 목적지는 '해운대 해수욕장'을 입력하여 선택한 후, '길찾기'를 누릅니다.

④ 대중 교통, 자동차, 도보, 자전거 중 자동차를 선택하면 위와 같은 화면이 나타납니다.

⑤ 길을 찾아가는 경우의 수가 많다는 것을 알 수 있습니다.

2) 카카오맵으로 길찾기.

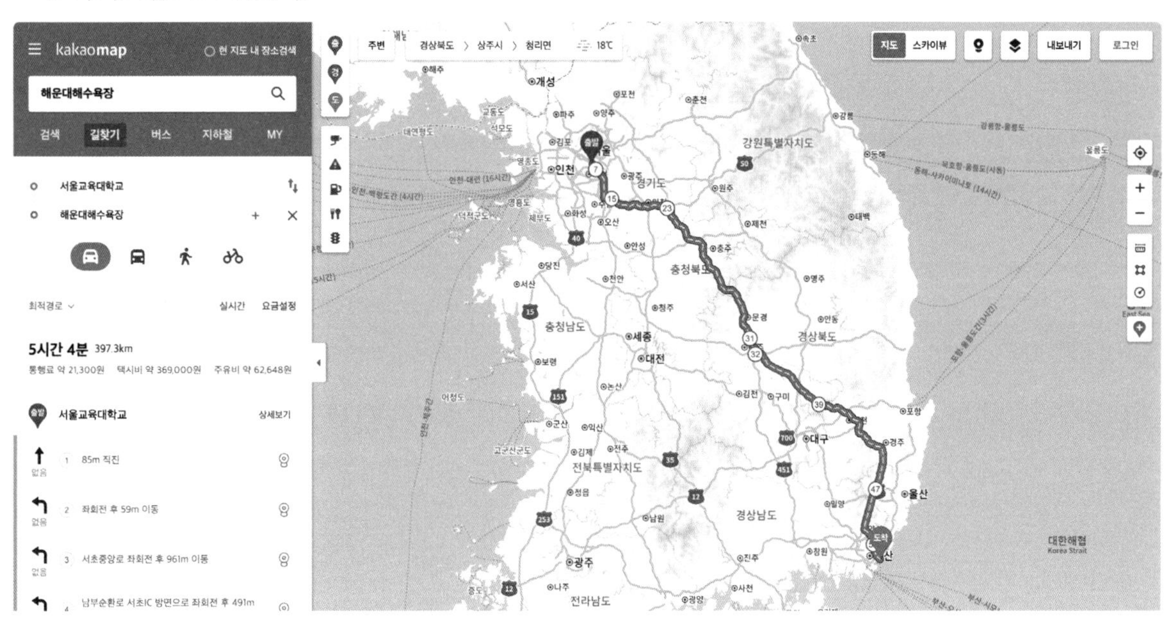

① 인터넷에서 카카오맵(https://map.kakao.com/)을 검색합니다.

② '길찾기'를 누르면, 출발지와 도착지를 입력하는 화면이 뜹니다.

③ 출발지는 '서울교육대학교', 목적지는 '해운대 해수욕장'이라고 입력합니다.

④ 자동차, 버스, 도보, 자전거 중 자동차를 선택하면 위와 같은 화면이 나타납니다.

⑤ 최적 경로, 무료 경로, 최단 거리 등 찾아가는 경우의 수가 많다는 것을 알 수 있습니다.

3) 두 길찾기 사이트 비교해 보기.

네이버 지도와 카카오맵의 안내가 서로 다르다는 것을 알 수 있습니다.
왜 안내가 서로 다른지 생각해 봅시다.

4) 자동차 내비게이션으로 길찾기.

부모님 등 주변 어른들이 자동차에 있는 내비게이션 시스템을 이용하여 길 찾는 것을 관찰하거나, 허락을 받고 체험해 봅니다.

사고력과 창의력 키우기

사람들은 각자 자신의 생각을 가지고 있고 그 생각을 통하여 서로 다른 것을 구별해 냅니다. 여러분도 사진을 보고 모양, 크기, 색깔 등 여러 가지 방법으로 사진을 구별해 낼 수 있습니다. 인공 지능은 수많은 데이터를 보고 특징을 찾아 구별할 줄 아는 것입니다.

1) 엄마 아빠 구별 기준 만들기.

여러분은 엄마와 아빠를 어떻게 구별할 수 있을까요? 엄마인지 아빠인지 구별할 수 있는 기준을 만들어 보세요.

2) 우리 반 학생들 구별 기준 만들기.

우리 반 학생은 총 30명입니다. 학생 30명을 구별하는 기준을 만들어 봅시다. 이 기준에 따라 학생들을 실제로 구별해 봅시다.

3) 인공 지능 얼굴 인식 기준 만들기.

인공 지능 도구는 얼굴을 인식한다고 합니다. 얼굴을 인식하는 기준은 어떤 것들이 있을까요? 상상력을 발휘하여 적어 보세요.

■ **활동 1** 다양한 길 찾는 방법(가장 거리가 짧은 길찾기)

1) 다음 그림에서, 강남역에서 터미널까지 가는 길은 몇 가지인가요?

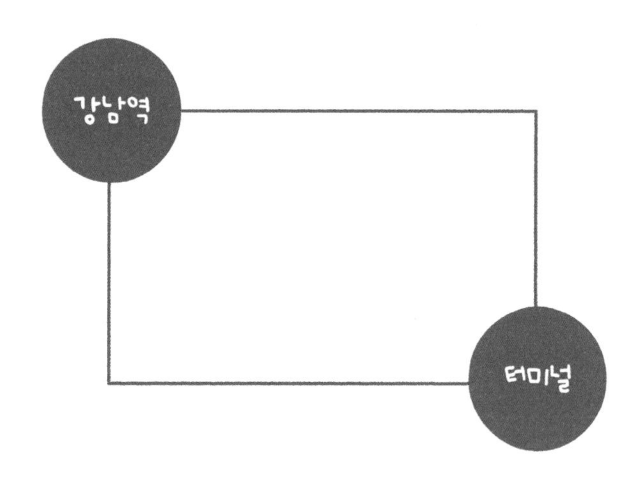

2) 다음 그림에서, 강남역에서 터미널까지 가장 빠르게 갈 수 있는 길은 몇 가지인가요?

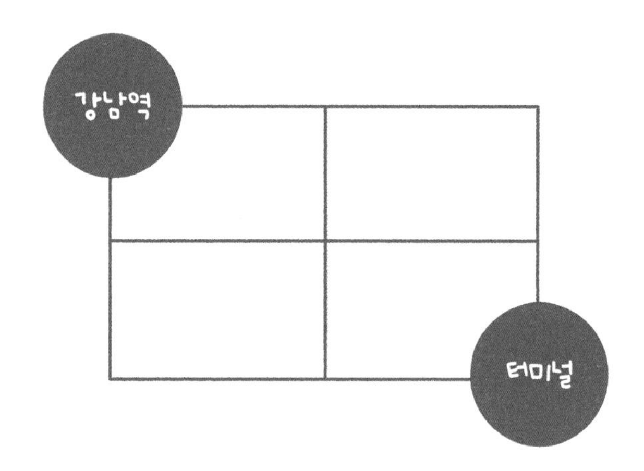

3) 다음 그림에서, 강남역에서 터미널까지 가장 빠르게 갈 수 있는 길은 몇 가지인가요?

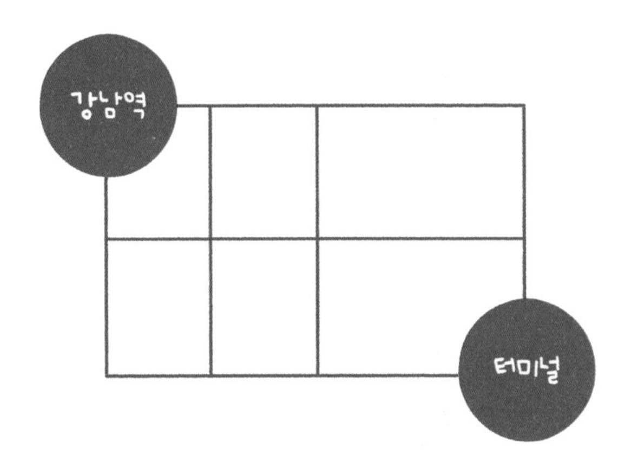

4) 다음 그림에서, 강남역에서 터미널까지 가장 빠르게 갈 수 있는 길은 몇 가지인가요?

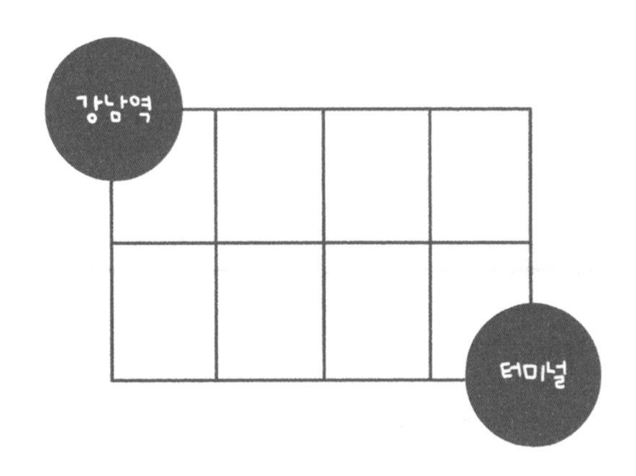

5) 위 활동을 통해 가는 길 경우의 수를 알 수 있는 법칙을 찾았나요?

6) 다음 그림에서 강남역에서 대치역까지 가는 경우의 수를 계산해 봅시다.

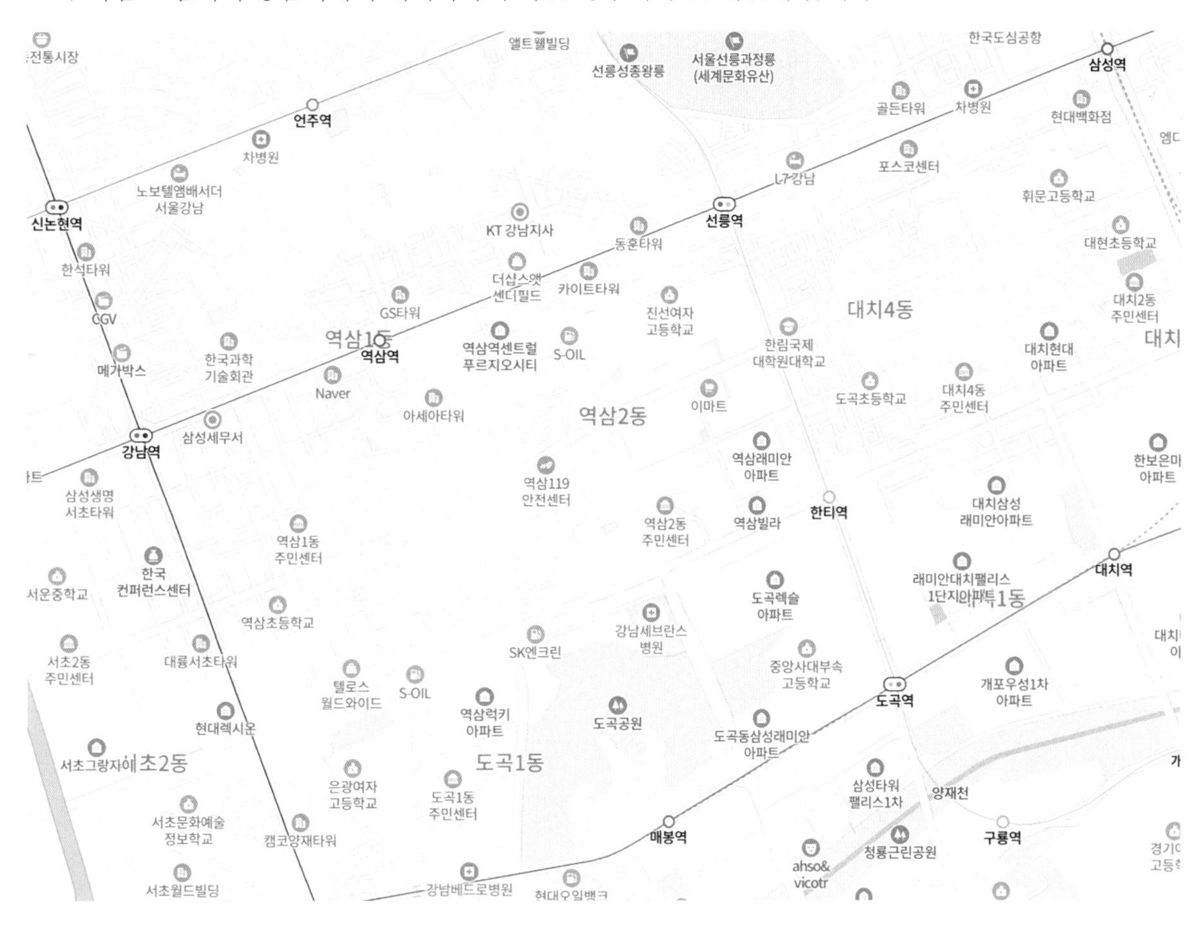

■ 활동 2 인공 지능 학습

다음은 여러 사람이 서울 용산역에서 출발하여 대전역에 도착한 시간입니다. 이 시간표의 걸리는 시간을 학습한 지훈이는 다음에는 가능한 한 시간이 적게 드는 시간대를 분석하여 언제 출발하면 좋을지 결정하기로 했습니다.

이름	서울 용산역 출발 시간	대전역 도착 시간	소요 시간
승희	7시	9시 10시	130분
철준	6시	7시 30분	90분
세미	7시 30분	9시 50분	140분
지훈	8시	10시	120분
수영	6시 30분	8시 10분	100분
희철	8시 10분	10시 20분	130분

1) 위의 표에서 시간이 적게 걸리는 시간대와 많이 걸리는 시간대를 나누려고 합니다. 어느 시간대로 하면 좋을지 생각하여 봅시다.

2) 1)에서 기준을 나눈 것이 바로 학습한 것입니다. 이 결과를 바탕으로 지훈이는 시간이 적게 소요되는 시간대에 출발하려고 합니다. 언제 출발하면 될까요?

■ 활동 3 인공 지능 추론

다음은 날씨를 판단하는 인공 지능 시스템이 있다고 가정합시다. 이 인공 지능 시스템은 '날씨가 좋다.', '날씨가 보통이다.', '날씨가 나쁘다.'의 세 가지로 판별한다고 합니다. 날씨를 판별하는 기준은 '온도', '습도' 두 가지가 있다고 합니다. 온도는 '덥다.', '춥다.', '적당하다.'의 세 가지 기준이 있고, 습도는 '건조하다.', '조금 건조하다.', '조금 습하다.', '습하다.'의 네 가지 조건이 있다고 합니다.

여러분이 인공 지능 전문가가 되어, '날씨가 좋다.', '날씨가 보통이다.', '날씨가 나쁘다.' 세 가지 판별에 대한 규칙을 다음과 같이 있는 대로 만들어 봅시다.

예) 규칙 1: 온도가 적당하고, 건조하면 날씨가 좋다.

2부

나의 데이터를 표현해 봅시다

1 데이터를 표현해 보아요!

박사님 소연, 승현, 반가워요! 인공 지능 시대에는 데이터가 중요하다는 이야기를 들었을 텐데, 오늘은 먼저 데이터를 나타내는 방법에 대해 이야기하려고 합니다.

소연 박사님! 그렇지 않아도 제가 1월부터 12월까지 서울의 기온 정보를 인터넷에서 찾았는데요. 달마다 최고 온도가 2, 5, 11, 18, 23, 27, 29, 30, 26, 20, 12, 4의 숫자들로 되어 있어요. 이것도 정보잖아요. 그런데 그냥 숫자들만 보니까 온도 변화가 한눈에 들어오지 않는 것 같아요. 이 데이터들을 잘 나타내는 방법을 오늘 말씀해 주시는 거죠?

박사님 맞습니다! 소연이가 가져온 월별 기온 숫자들이 어떤 의미가 있는지 한눈에 이해할 수 있으려면 어떤 방법을 쓰는 게 좋을까요?

승현이가 한번 이야기해 볼까요?

승현 저는 숫자만 나열하는 대신 그림으로 보여 주고 싶어요.

데이터란?
데이터는 숫자나 문자 그 자체입니다. 정보는 데이터에 의미를 부여하는 것입니다. 즉 23이라는 숫자는 데이터이고 23에 온도라는 의미가 부여되면 '온도가 섭씨 23도라는 것'은 정보입니다. 그러면 지식은 여러 경험으로 '섭씨 23도이면 활동하기 좋은 온도'는 지식이 되는 것입니다. 데이터, 정보, 지식을 잘 구별하면 좋겠습니다.

박사님 아주 좋은 생각입니다. 글씨보다 그림이 한눈에 알아보기 훨씬 쉽죠. 예를 들어 지하철이나 버스에서는 글 대신 그림으로 된 안내들을 많이 볼 수 있습니다. 혹시 기억나는 것이 있나요?

인포그래픽이란?
정보를 그림으로 표현하는 것을 인포그래픽이라고 합니다.

소연 지하철 안에 "장애인, 노약자, 임산부 좌석입니다."라는 글귀와 함께 이런 그림이 창가에 붙어 있었어요.

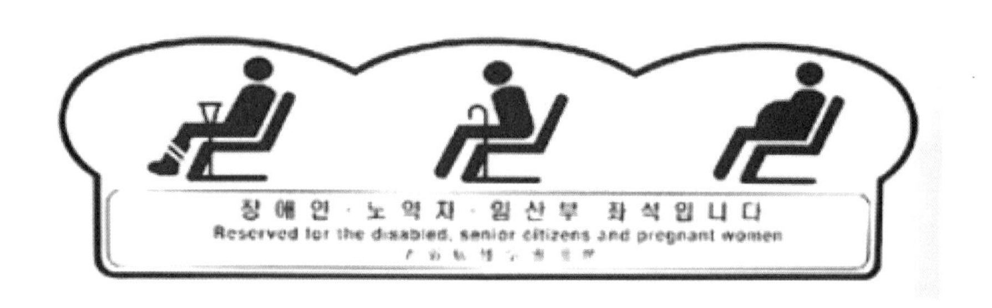

승현 저는 '임산부 배려석' 그림이 그려진 분홍색 좌석을 보았어요.

박사님 소연이, 승현이 모두 관찰력이 아주 좋군요. 주변을 자세히 관찰하는 것은 매우 좋은 자세입니다. 이 그림을 보면 우리나라의 버스나 지하철에 전 세계의 어떤 나라의 사람이 타도 다 이해할 수 있겠죠? 만약 "장애인, 노약자, 임산부 좌석입니다."라는 안내를 한글로만 적어 두면, 한글을 모르는 사람들은 어떻게 할까요?

승현 한글을 모르는 사람은 무슨 말인지 모르고 그 자리에 앉을 것 같아요.

박사님 그렇습니다. 어떤 데이터나 정보를 글보다 그림으로 표현하면 한눈에 이해하기 쉽습니다. 글씨나 숫자로 표현된 정보는 머릿속에서 한 번 더 생각해야 합니다. 예를 들어, 집에서 컴퓨터를 하는 시간이 승현이는 30분이고, 소연이는 45분이라고 칩시다. 이때, 승현이와 소연이 가운데 누가 더 컴퓨터를 오래 하는지 어떻게 알 수 있나요? 판단하는 방법을 말해 볼까요?

승현 우선 제 컴퓨터 이용 시간이 30분이고 소연이가 45분이라는 것에서, 둘 중에 큰 값에서 작은 값을 빼서 판단할 수 있습니다. 그러니까 소연이가 컴퓨터를 이용하는 45분에서 제가 이용하는 30분을 빼면 15분이 됩니다. 따라서 소연이가 저보다 컴퓨터를 15분 더 많이 이용한다는 것을 알 수 있습니다.

박사님 아주 잘 답했습니다. 만약 승현이와 소연이의 컴퓨터 이용 시간을 다음과 같이 그림으로 나타낸다면, 그냥 숫자로 보았을 때와 어떤 차이점이 있지요? 소연이가 이야기해 볼까요?

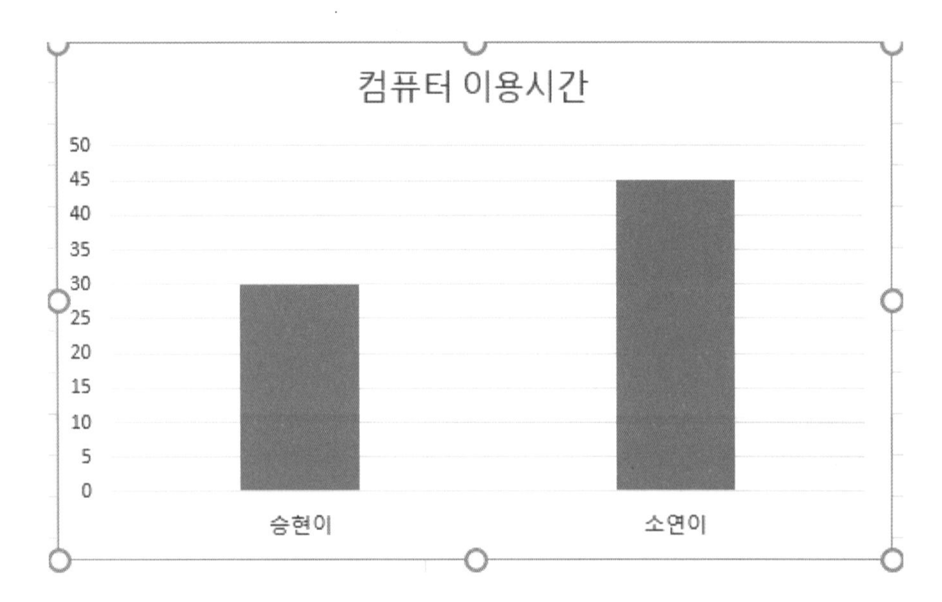

소연 우선 그림을 보고 제가 승현이보다 컴퓨터를 이용하는 시간이 많다는 것을 한눈에 알 수 있어요. 하지만 컴퓨터 이용 시간이 몇 분 차이 나는지 정확히는 알 수 없어요.

박사님 네 잘했습니다. 그림으로 표현하면 직관적으로 한눈에 알아볼 수 있는 것이 큰 장점입니다.

박사님 앞에서 소연이가 가져온 서울의 월별 기온 숫자들(2, 5, 11, 18, 23, 27, 29, 30, 26, 20, 12, 4)을 아래와 같이 그림으로 표현해 보았습니다. 12개의 숫자를 막대 그래프로 그려서 서울의 기온 변화를 직관적으로 바로 알 수 있게 하였습니다. 승현이는 이 그래프를 보고 어떤 생각이 들었나요?

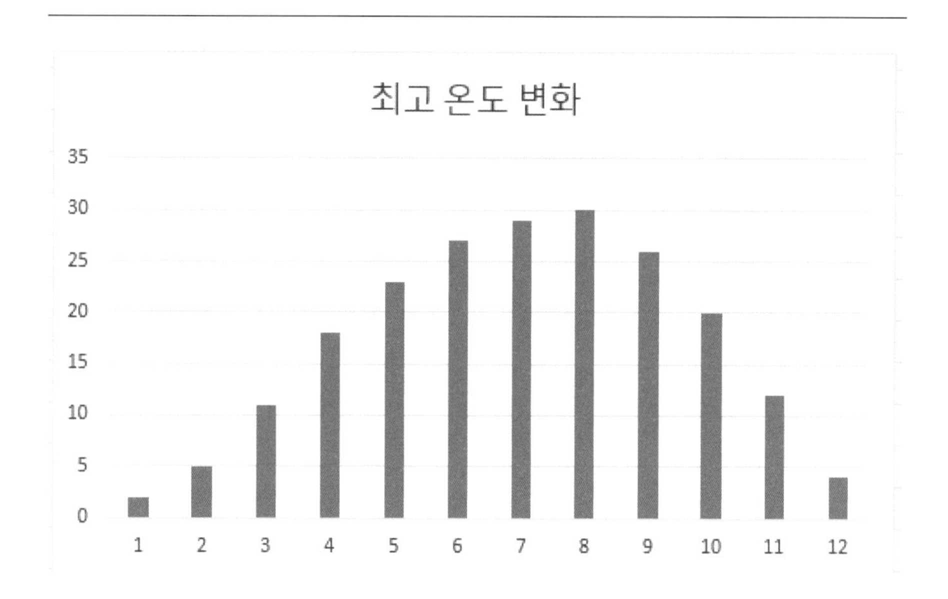

승현 여러 가지를 한눈에 알 수 있어 좋다고 생각했어요. 우선 최고 온도가 가장 낮은 달은 1월이고, 온도가 가장 높은 달은 8월이라는 것을 바로 알 수 있어요. 그리고 막대 그래프에서 크기를 비교함으로써 1월, 12월, 2월, 3월, 11월, 4월, 10월, 5월, 9월, 6월, 7월, 8월 순으로 온도가 낮다는 것을 바로 알 수 있고요.

막대 그래프란?
막대 그래프는 정보의 양을 막대 모양의 길이로 표현하는 그래프입니다. 우리는 막대 그래프로 정보의 크기와 양을 한눈에 알 수 있습니다.

박사님 잘 대답해 주었어요. 그렇다면 다음 표처럼 12개의 숫자를 나열한 것을 **막대 그래프**와 비교하면 어떤 생각이 드나요?

1월	2월	3월	4월	5월	6월	7월	8월	9월	10월	11월	12월
2	5	11	18	23	27	29	30	26	20	12	4

승현 12개 숫자를 표로 나열했을 때는 가장 낮은 온도나 가장 높은 온도를 찾기 위해 모든 숫자를 일일이 비교해 보며 찾아야 하니까 시간도 더 걸리고 번거로워요.

박사님 승현이가 아주 잘 이야기 해 주었네요. 숫자보다 그림으로 데이터를 표현했을 때 한눈에 이해하기가 쉽다는 점을 알아보았습니다.

박사님 이번에는 데이터를 나타내는 다른 방법을 생각해 봅시다. 꺾은 선 그

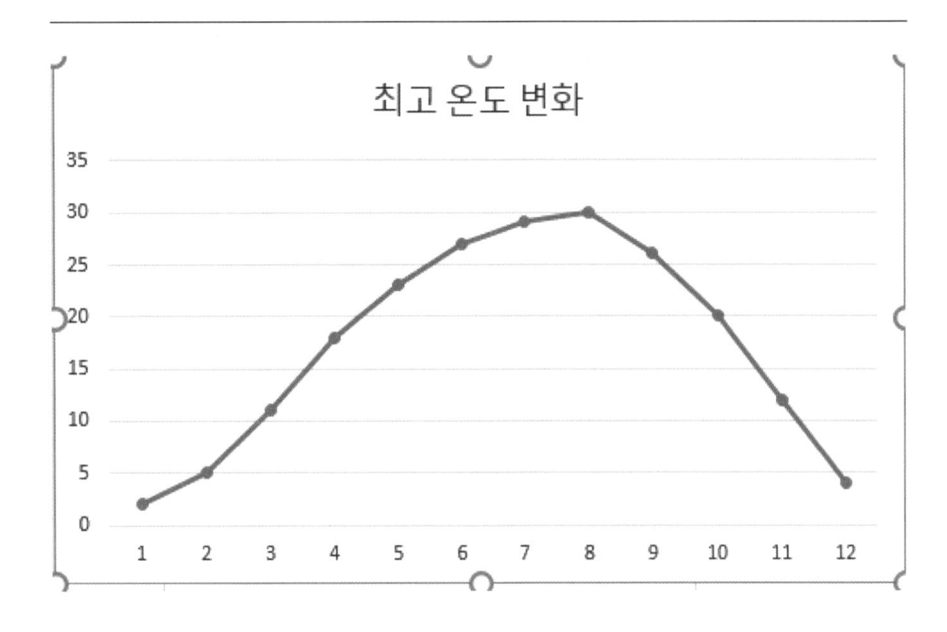

래프를 본 적이 있지요? 다음 그림은 기온 변화를 **꺾은 선 그래프**로 표시한 것입니다. 소연이는 이 그래프를 보고 어떤 생각이 들었나요?

꺾은선 그래프란?

꺾은 선 그래프는 선 그래프라고도 합니다. 꺾은 선 그래프는 정보를 점으로 표시하고 점 사이를 연결하는 것입니다.

소연 제 생각에는 꺾은 선 그래프가 막대 그래프보다 한눈에 알아보기 어려운 것 같아요. 왜냐하면, 막대 그래프는 온도가 가장 높을 때와 가장 낮을 때를 한눈에 알아볼 수 있었지만 꺾은 선 그래프는 그렇지 않다고 생각했기 때문이에요.

박사님 아, 그렇게 생각할 수 있겠네요. 소연이가 꺾은 선 그래프를 한 번 더 자세히 관찰해 볼까요?

소연 네! 음, 다시 잘 관찰하니 꺾은 선 그래프는 데이터에 따라 그래프의 기울기가 변해요. 그래프가 꺾이는 것을 자세히 관찰하면 막대 그래프와 비슷한 느낌이 들어요. 가장 많이 꺾이는 곳은 11월에서 12월로 가는 지점이고, 이때 온도 변화가 제일 큰 것이겠죠? 7월에서 8월로 가는 지점은 가장 적게 꺾이니까, 이때 온도 변화가 가장 작은 것 같고요. 꺾은 선 그래프는 막대 그래프보다 매달 기온의 변화 정도를 기울기로 볼 수 있는 장점이 있네요.

박사님 소연이가 아주 잘 이야기해 주었습니다. 이처럼 데이터를 그림으로 표현하는 방법에는 여러 가지가 있습니다. 데이터의 특성을 잘 분석하기 위해서는 알맞은 방법을 사용하는 게 좋습니다.

박사님 다음 그림을 볼까요? 이 그림은 나폴레옹이 러시아를 침공하는 과정

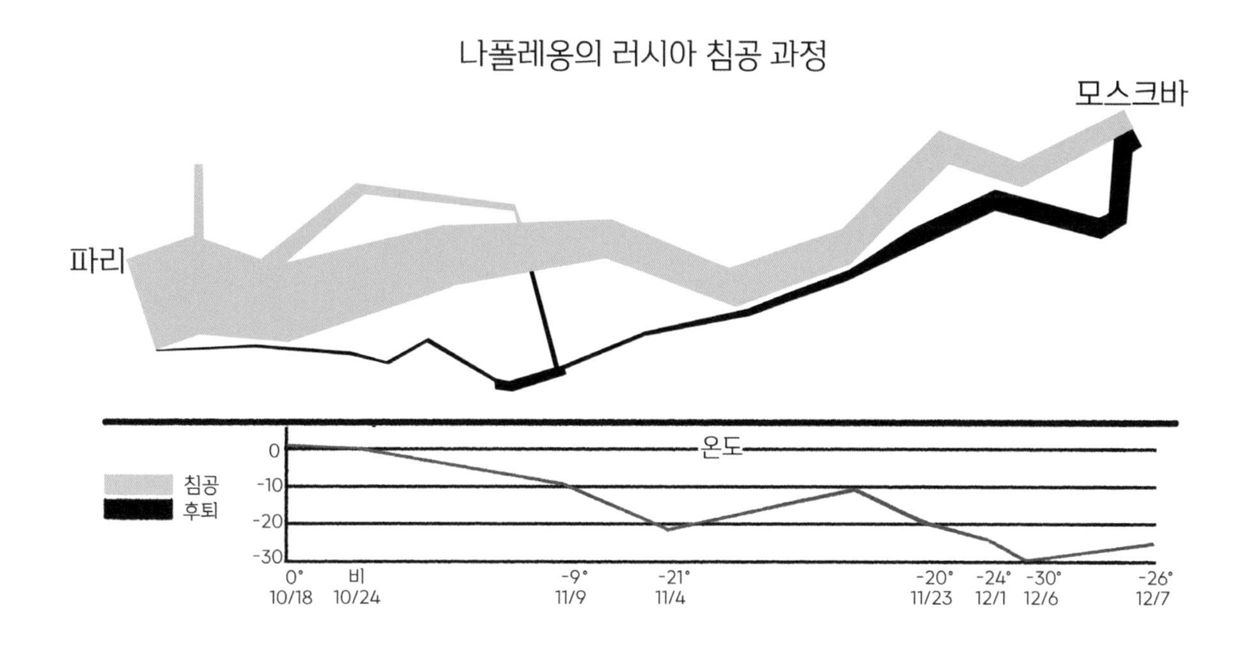

을 그림으로 표현한 것입니다.

승현 박사님! 모르는 글자도 보이는데, 이 그림이 어떻게 나폴레옹이 러시아를 침공하는 과정인지 설명해 주세요.

박사님 예, 이 그림의 배경을 살펴보면 그래프를 이해하는 데 도움이 될 것입니다. 프랑스의 나폴레옹은 1812년 유럽을 통일하기 위해서 러시아의 심장부인 모스크바를 침공하기로 하였지요. 처음에는 47만 명의 병사들을 이끌고 출발하였습니다. 나폴레옹의 군대가 모스크바에 도착하였을 때는 매우 추운 겨울이었습니다. 그래서 침공에 실패하고 다시 프랑스 파리로 돌아왔습니다. 그때 돌아온 병사는 1만 명에 불과했습니다. 그림의 배경을 살펴보았으니, 승현이가 위의 그림이 무엇을 의미하는지 이야기해 볼까요?

승현 네. 그림을 보니 크게 두 부분으로 나뉘어 있네요. 윗부분의 갈색과 검은색의 나뭇가지 같은 그림은 마치 막대 그래프를 연결해 놓은 것처럼 보여요. 굵은 부분과 가느다란 부분이 있는데, 병사의 숫자가 줄었다고 하니 혹시 그게 살아남은 병사의 숫자가 아닐까요?

박사님 오 대단한데요. 정말 잘 해석하였습니다.

승현 그리고 아래 그림은 꺾은 선 그래프인데요. 그래프의 각 꼭지에 온도가 적혀 있는 것을 보니까 기온 변화를 나타내는 것 같아요.

박사님 훌륭한 추론입니다. 이제 데이터를 그림으로 표현하면 좋은 점을 알겠지요?

승현, 소면 네!

2 데이터 표현 체험하기

1. 날씨 정보를 표현해 보아요 1

1) 인터넷 검색창(www.google.com)에 들어가서 "서울 연중 날씨"를 다음과 같이 입력합니다.

2) 다음과 같은 화면이 나타납니다. 화면에 나타난 데이터는 수치 그 자체라는 것을 알 수 있습니다. 이 숫자들은 무엇을 나타내는 데이터인지 설명하여 보세요.

서울특별시

평년 기후

개요 **그래프**

월	최고 / 최저 (℃)	강우
1월	1° / -8°	3일
2월	4° / -5°	3일
3월	10° / 0°	4일
4월	17° / 6°	5일
5월	23° / 12°	5일
6월	27° / 17°	6일
7월	28° / 21°	13일
8월	29° / 21°	10일
9월	25° / 16°	7일
10월	19° / 9°	4일
11월	11° / 1°	6일
12월	3° / -5°	3일

3) '그래프(Graphs)'를 클릭하면 다음과 같은 그림이 나타납니다. 이 그림은 수치 데이터를 그림으로 표현한 것입니다. 그래프를 보고 어떤 정보를 얻을 수 있는지 말해 보세요.

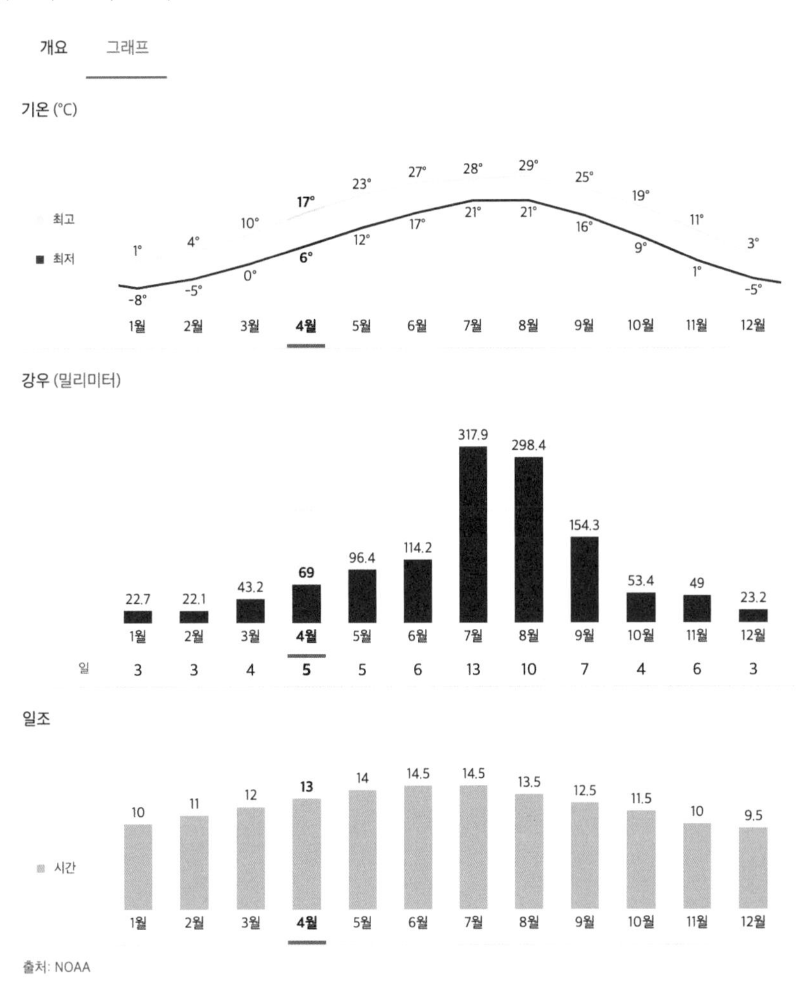

4) 수치 데이터와 위 그래프 데이터를 비교해 보면, 어떤 차이점이 있는지 설명하여 보세요.

2. 날씨 정보를 표현해 보아요 2

날씨 정보란?

기온, 강수량, 습도, 바람, 공기의 질 등을 포함합니다.

1) 기상청 홈페이지(www.weather.go.kr)에 들어가 보세요. 그러면 다음과 같은 정보들이 제공됩니다. (날씨를 검색한 시기에 따라 다른 숫자가 나올 것입니다.)

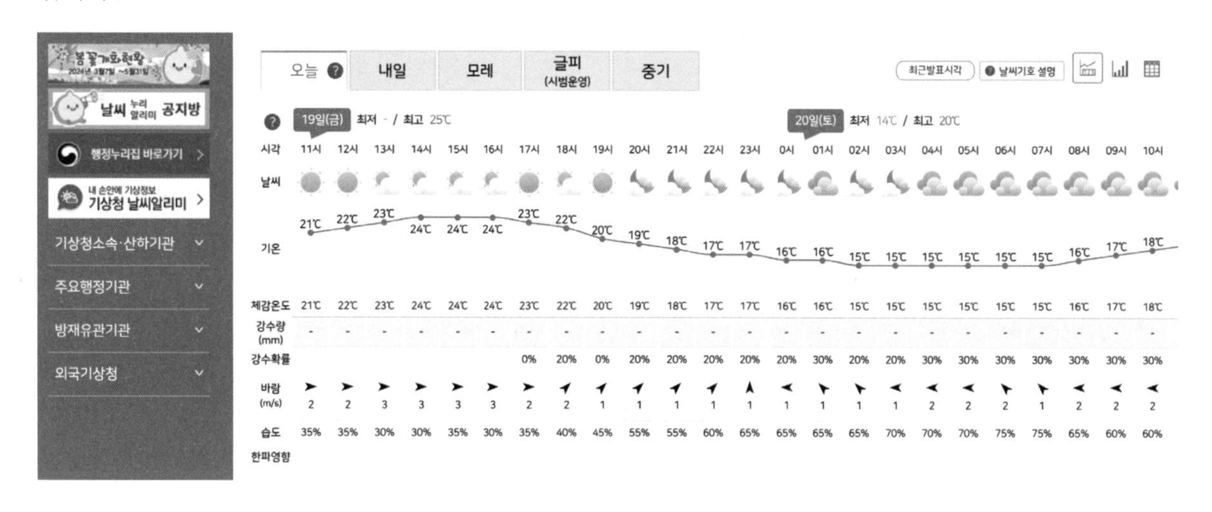

2) 내일 기상 정보에서는 어떤 정보를 얻을 수 있는지 말해 보세요.

3) 위의 그림에서 데이터를 그림으로 표현한 것은 어떤 것들이 있는지, 세 가지를 찾아서 설명하여 보세요.

3. 나의 감정을 이모티콘으로 표현해 보아요!

1) 내 안에는 어떤 감정들이 있는지 알아봅시다.

2) 나의 다른 감정들을 각각 이모티콘으로 표현하여 봅시다.

감정	이모티콘 그리기	설명

사고력과 창의력 키우기

1) 다음 데이터는 학생들이 좋아하는 봄꽃의 종류를 조사한 결과입니다.

꽃 종류	학생 수
개나리	25
진달래	10
벚꽃	35
철쭉	15
수선화	10
매화	5

■ 이 결과를 막대 그래프와 꺾은 선 그래프가 아닌 다른 그래프로 표현하여 보세요.

■ 자신이 표현한 그래프와 꺾은 선 그래프와의 차이점을 설명해 봅시다.

■ 자신이 표현한 그래프와 막대 그래프와의 차이점을 설명해 봅시다.

2) Worldometer라는 사이트(https://www.worldometers.info/kr/)를 방문하면 다음과 같은 정보가 실시간으로 제공되고 있습니다. (실시간 정보를 반영하기 때문에 여러분이 검색할 때에는 다른 숫자가 나올 것입니다.)

세계 인구

8,104,404,346	현재 세계 인구	
40,376,131	올해 출생자	정보
275,990	오늘 출생자	정보
18,269,773	올해 사망자	
124,883	오늘 사망자	
22,106,358	올해 순 인구증가	

정부 & 경제

$ 12,767,669,032	오늘 지출된 공공 의료보건비
$ 8,493,271,332	오늘 지출된 공공 교육비
$ 3,573,854,038	오늘 지출된 군사비
20,368,231	올해 생산된 자동차
41,989,090	올해 생산된 자전거
106,020,058	올해 판매된 컴퓨터

■ 이 데이터는 어떻게 수집되어 실시간으로 제공되고 있는지 생각하여 봅시다.

■ 이 데이터를 다양한 그래프로 표현하여 봅시다.

■ 활동 1 우리나라 인구 변화를 알아보아요!

아래 표는 연도별로 우리나라 인구수를 나타낸 것입니다.

1970년	1975년	1980년	1985년	1990년	1995년	2000년	2005년	2010년	2015년	2020년
31,435,252	34,678,972	37,406,815	40,419,652	43,390,374	44,553,710	45,985,289	47,041,434	47,990,761	51,014,947	51,780,579

1) 1970년에 우리나라 인구는 얼마입니까?

2) 우리나라 인구가 4000만 명이 넘은 것은 언제인가요?

3) 위 표를 막대 그래프로 그려 봅시다.

4) 위의 표를 꺾은 선 그래프로 그려 봅시다.

5) 표와 그래프의 차이점을 설명하여 봅시다.

6) 막대 그래프와 꺾은 선 그래프의 차이점을 설명하여 봅시다.

■ 활동 2 우리 집 데이터 실험해 보기

우리 집 가정 생활에서 찾아볼 수 있는 숫자로 된 데이터들을 살펴봅시다. 먼저, 컴퓨터, 텔레비전, 전등을 사용하기 위해 전기를 사용한 전기 데이터가 있을 것이고, 욕실과 부엌에서 사용한 수돗물은 수도 데이터가 있을 것이고, 조리할 때 사용한 가스는 가스 데이터가 있을 것입니다. 유튜브 등에서 전기 계량기, 수도 계량기, 가스 계량기를 입력하면 해당 동영상들을 자세히 볼 수 있습니다.

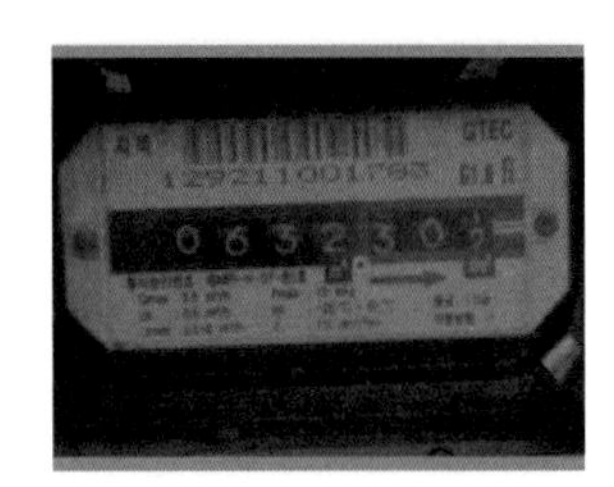

1) 전기 계량기

먼저 전기료를 결정하는 전기 계량기가 어디 있는지 찾아보고, 전기 사용량 데이터를 살펴봅시다. 전기 사용량이 증가하는 것을 볼 수 있을 것입니다.

전기 계량기란?
전기 계량기는 집에서 전기 사용하는 양을 측정하는 기구입니다.

2) 수도 계량기

수돗물 사용료를 결정하는 수도 계량기가 어디 있는지 찾아보고, 수도 사용량 데이터를 살펴봅시다. 수도 사용량이 증가하는 것을 볼 수 있을 것입니다.

수도 계량기란?
수도 계량기는 집에서 사용하는 수도물의 양을 측정하는 기구입니다.

3) 가스 계량기

우리 집의 가스비를 결정하는 가스 계량기가 어디 있는지 확인하여, 가스 사용량 데이터를 찾아봅시다. 가스 불을 가열할 때 확인해 보면, 가스도 사용량이 증가하는 것을 볼 수 있을 것입니다.

가스 계량기란?
가스 계량기는 집에서 가스 사용하는 양을 측정하는 기구입니다.

4) 수도, 가스, 전기 계량기는 각각 수도, 가스, 전기 사용량을 측정하는 것입니다. 매월 사용한, 수도, 가스, 전기 요금 청구서 데이터들을 모아 표로 나타내어 봅시다. 아파트 관리비나 각 요금 청구서를 보면 확인할 수 있습니다.

월	수도 요금(원)	가스 요금(원)	전기 요금(원)
1	15,000	10,000	35,000
2	16,000	11,000	32,000
3	15,000	10,000	30,000
4	15,000	9,000	25,000
5	16,000	10,000	24,000
6	18,000	8,000	30,000
7	20,000	9,000	60,000
8	23,000	8,000	70,000
9	17,000	9,000	30,000
10	16,000	10,000	25,000
11	15,000	13,000	32,000
12	14,000	12,000	36,000

5) 1년 동안의 수도, 가스, 전기 요금을 막대 그래프로 나타내어 봅시다.

6) 1년 동안의 수도, 가스, 전기 요금을, 막대 그래프 위에 꺾은 선 그래프로 나타내어 봅시다.

7) 1년 중 수도, 가스, 전기 요금을 가장 적게 낸 달은 각각 언제입니까?

8) 1년 중 수도, 가스, 전기 요금을 가장 많이 낸 달은 각각 언제입니까?

9) 1년 중 수도, 가스, 전기 요금의 증가량이 가장 큰 기간은 각각 언제입니까?

3부

나는 인공 지능 예술가입니다

1. 인공 지능과 그림 그리기

2. 인공 지능의 음악 세계

1 인공 지능과 그림 그리기

1. 인공 지능 화가가 내 방을 그린다면?

박사님 여러분은 그림 그리기를 좋아하나요?

승현 저는 그림 그리는 것이 너무 좋아요.

박사님 승현이는 왜 그림을 그리는 것이 좋아요?

승현 예쁜 색깔로 그림을 그리고 있으면 기분이 좋아져요. 연필로도 그리고 크레파스로도 그리고 물감으로도 그려요. 잘 못 그릴 때도 있지만 그림 그리는 시간이 좋아요.

박사님 그림 그리기는 결과물도 가치가 있지만 그리는 과정도 흥미롭고 재미있지요. 기술이 좋고 좋은 재료를 잘 쓰는 것만으로 좋은 그림이 나오는 것은 아니에요. 승현이처럼 즐거운 마음으로 그림을 그리는 것이 더 중요할 수도 있어요.

우리는 오랫동안 사람만이 그림을 그릴 수 있다고 생각해 왔지요. 예술 작품을 자신의 감정과 세상을 표현하는 고도의 지적인 행동으로 여긴 것이지요. 하지만 인공 지능의 발달로 이런 생각은 바뀌고 있습니다. 이제 컴퓨터로 그림을 그리고 인공 지능으로 작품을 만드는 것이 예술가들에게 전혀 새로운 일이 아니게 됐어요. 인공 지능 기술이 예술에까지 확장되고 있는 것이지요.

딥 드림이라는 인공 지능 그림 그리기 기술을 기억하지요? 인간과 협력하여 그림을 그리는 이 기술은 스스로 학습하여 그림을 그립니다. 인공 지능으로 그림을 그리기 위해서는 우선 인터넷에 있는 수많은 그림을 **알고리듬**에 적용시킵니다. 알고리듬은 이 그림들을 베껴 그립니다. 결과가 나오면 예술가가 원하는 방향의 그림을 선택하고 다시 인공 지능 알고리듬에 적용시킵니다. 예술가가 직접 그리지 않은, 인공 지능 알고리듬에 의한 새로운 그림이 완성됩니다.

밤하늘과 파도 이미지를 합성한다면 어떤 이미지가 나올까요?

내 방의 풍경을 고흐의 그림처럼 그린다면 어떤 그림이 될까요? 만약 인공 지능에게 내 방에 어울리는 그림을 그려 달라고 하면 어떤 그림을 그려 줄까요?

딥 드림이란?
딥 드림은 그림 기법, 원하는 대상 등에 대한 많은 양의 자료를 분석하여 그림을 그려 냅니다. 이 기술은 사람의 얼굴을 구별하는 기술을 발전시킨 것입니다. 여러 이미지를 종합하여 지금까지 없었던 신비한 추상적인 이미지를 만듭니다.

알고리듬이란?
어떤 문제를 해결하기 위한 절차, 방법, 명령어들의 집합을 말합니다.

AI가 그린 예술가의 초상화.

2. 인공 지능이 그린 그림은 가짜일까?

박사님 이 그림은 유명 화가의 그림에 버금가는 가격에 팔렸는데, 인공 지능이 그린 초상화입니다. 세상에 없는 사람입니다. 마치 대가의 미완성 작품처럼 보이는 이 작품은 예술가와 과학자들이 인공 지능을 이용하여 만들었습니다. 이 작품은 14세기에서 20세기에 그려진 1만 5000개의 초상화 데이터를 이용하여 인공 지능이 그린 것입니다. 오른쪽 아래 작가의 서명처럼 보이는 수학 공식이 재미있습니다.

승현 컴퓨터가 그리는 방법은 제가 그리는 방법과 너무 다른 것 같아요. 그리고 너무 어려워요.

박사님 승현이가 그리는 방법과 많이 다르죠. 컴퓨터가 사물을 보고 이해하는 방법이 승현이와 달라서 그래요. 승현이는 고양이나 사과를 보고 그림을 그

려야겠다고 생각하고 관찰하면서 그림을 그리지만, 컴퓨터는 고양이와 사과가 무엇인지부터 알아야 하기 때문이에요. 인공 지능은 인터넷에 있는 인물 사진들을 바탕으로 존재하지 않는 인물을 만들기도 합니다.

박사님 지금 보고 있는 사진의 인물 중 누가 진짜 사람이고 누가 인공 지능에 의해 그려진 인물일까요?

소연 다 진짜 사람 같아요.

박사님 사실은 이 세 사람 모두 인공 지능이 만들어 낸 사람입니다. 이런 사람들은 세상에 없습니다.

승현 아무리 봐도 진짜 사람을 찍은 사진 같은데요?

박사님 이런 사진을 만들어 내기 위해서 인터넷에 떠돌아다니는 수백 수만 장의 인물 사진을 모았습니다. 눈 모양, 피부 색깔, 얼굴의 각도, 입술 모양 등 다양한 자료가 인터넷에 있는 것이지요.

소연 그럼 한 사람이 아니라 여러 사람의 사진이 합성된 거네요?

박사님 소연이가 재미난 생각을 했군요.

예, 여러 사람이 한 사람의 모습으로 보이는 것일 수도 있겠네요.

사고력과 창의력 키우기

1) 사진의 등장은 회화에 큰 영향을 주었습니다. 보이는 대로 그리는 그림의 자리를 위협한 것이지요. 사진은 그림보다 더 사실적이면서 가격이 저렴했기 때문입니다. 그림은 거짓이 가능했지만 사진은 거짓이 불가능하다고 생각했습니다. 그런데 사진은 정말 실물을 전혀 변형하지 않고 있는 그대로 나타낼까요? 여러분이 많이 사용하는 셀프 카메라 어플리케이션을 적용하면 실물과 다른 형상이 사진으로 남게 됩니다. 여기서 우리는 카메라도 실물을 있는 그대로 보여 주지는 않는다는 것을 알 수 있습니다.

그렇다면 이런 기술의 발전으로 생성된 예술을 단순히 거짓이라고만 볼 수 있을까요? 인공 지능이 그린 그림은 예술적 가치가 없을까요?

2) 미래에도 미술가가 있을까요? 창의력, 또는 창의적 표현이란 무엇일까요? 인공 지능도 그리는 과정에서 즐거움을 느낄까요?

만들고 체험하기

자신의 사진과 다른 사람의 사진을 컴퓨터에게 알려주어 구별하게 합니다. 그리고 인공 지능 로봇이 내 사진을 인식하여 잠금을 풀 수 있도록 하는 **인공 지능 보안 기술**을 만들어 봅시다.

① 준비: 자신의 사진을 찍을 수 있는 컴퓨터와 웹캠을 준비합니다. https://machinelearningforkids.co.uk/에서 인공 지능을 훈련시키고 스크래치를 이용한 코딩으로 안면을 인식하는 인공 지능을 만들 것입니다.

② 인공 지능을 훈련 시켜 봅니다.

소개 선생님 프로젝트 워크시트 학습된 Stories 책 도움말 로그아웃 Language

"face lock"

훈련

컴퓨터가 훈련할 수 있도록 다양한 데이터를 준비하세요.

훈련

학습 & 평가

데이터를 사용하여 컴퓨터를 학습시키세요. images

학습 & 평가

만들기

Scratch에서 게임이나 앱을 만드는데 당신이 학습시킨 기계 학습 모델을 사용합니다.

만들기

준비된 컴퓨터 화면에 '새로운 레이블' 버튼을 눌러 'Granted'와 'denied' 2개의 레이블을 만듭니다. (여기서 'Granted'는 '인정된'이란 뜻이고, 'denied'

는 '거부된'이란 뜻을 가지고 있어요.)

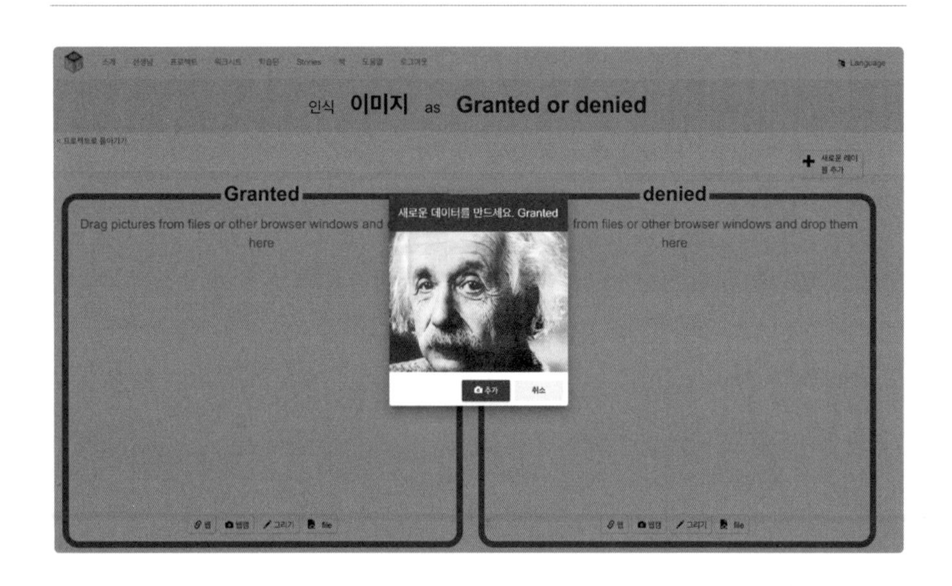

'웹캠' 버튼, '추가' 버튼을 눌러 본인의 사진을 여러 장 찍습니다.

10번 이상 웹캠으로 다양한 표정과 각도로 찍어 봅니다.

Granted에 본인의 웹캠 사진을, denied에는 다른 사람의 사진을 10장 이상 올려 주세요. 참고로 이 연습에 사용된 사진은 위대한 물리학자 알베르트 아인슈타인이랍니다.

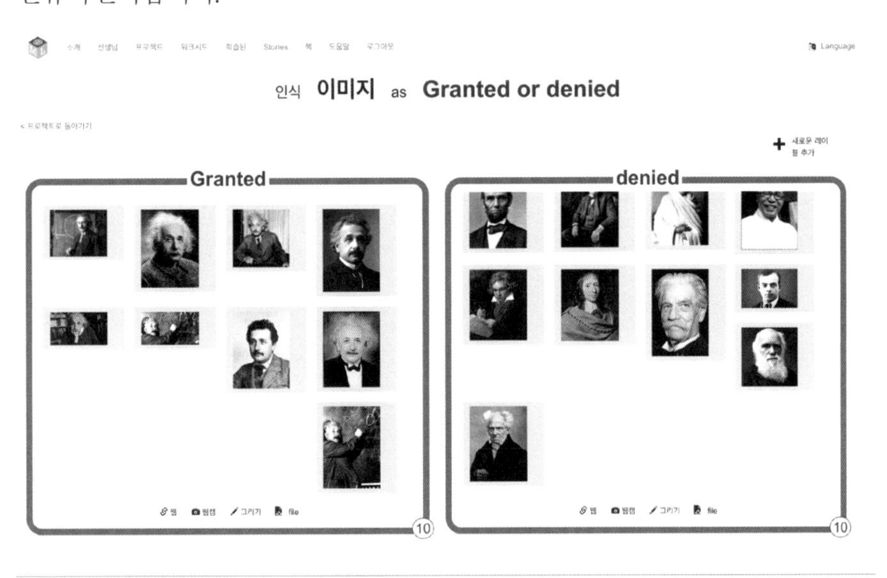

'프로젝트로 돌아가기' 버튼을 눌러, '학습 & 평가'로 들어갑니다.

아래처럼 'Training(훈련 중)'에서

트레이닝 컴퓨터 정보:

시작한 시간: Tuesday, April 23, 2024 2:05 PM
모델의 상태: Training

'Available(이용할 수 있음)'으로 바뀌면 훈련이 다 된 것입니다.

'프로젝트로 돌아가기' 버튼을 눌러, 똑똑한 인공 지능 컴퓨터를 만들어 핸드폰 잠금 해제 프로그램을 만들어 볼 겁니다. '만들기'로 들어가서 스크래치 3을 선택하세요.

스크래치 3

새로운 버전의 스크래치로 만들어봅시다.

스크래치 3

왼쪽 위의 '프로젝트 템플릿'을 누른 후 '얼굴 잠금 장치'를 선택해 주세요.

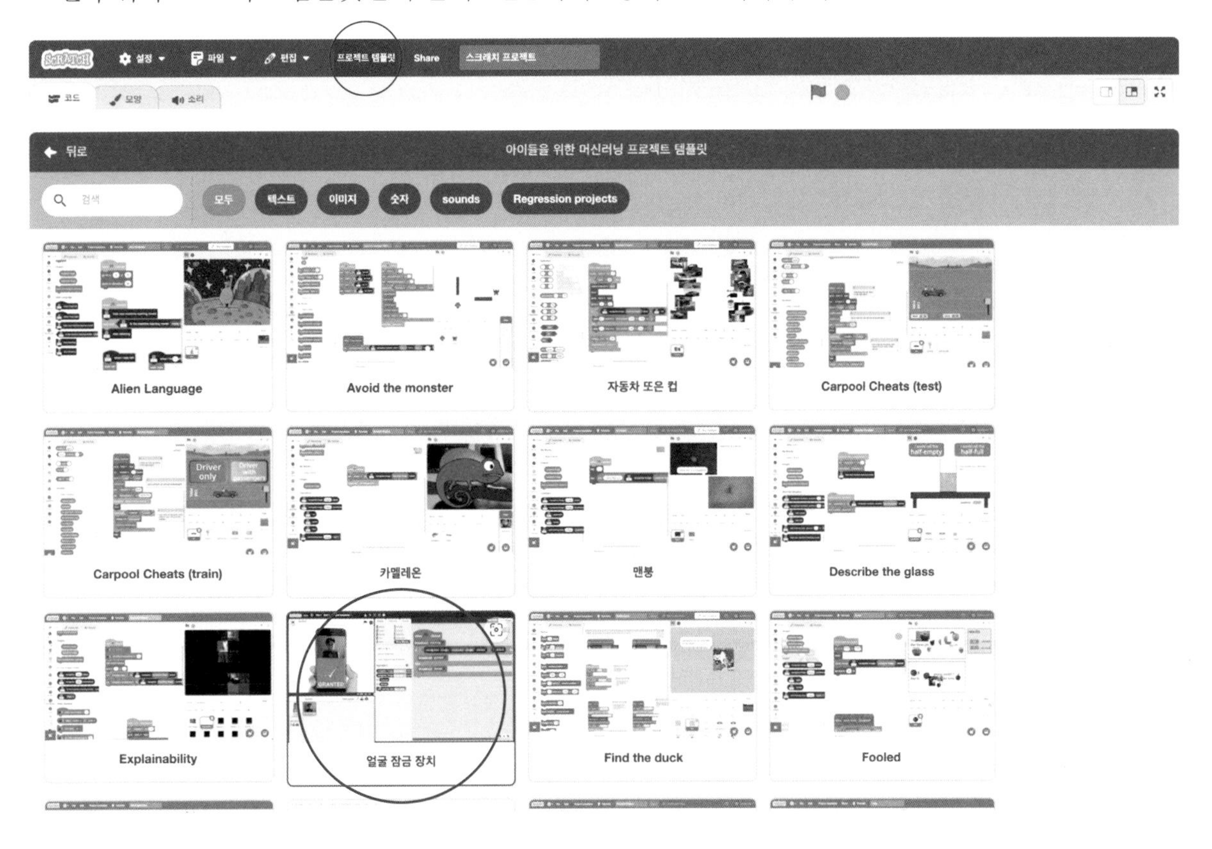

그리고 아래와 같이 블록들을 붙여 볼까요?

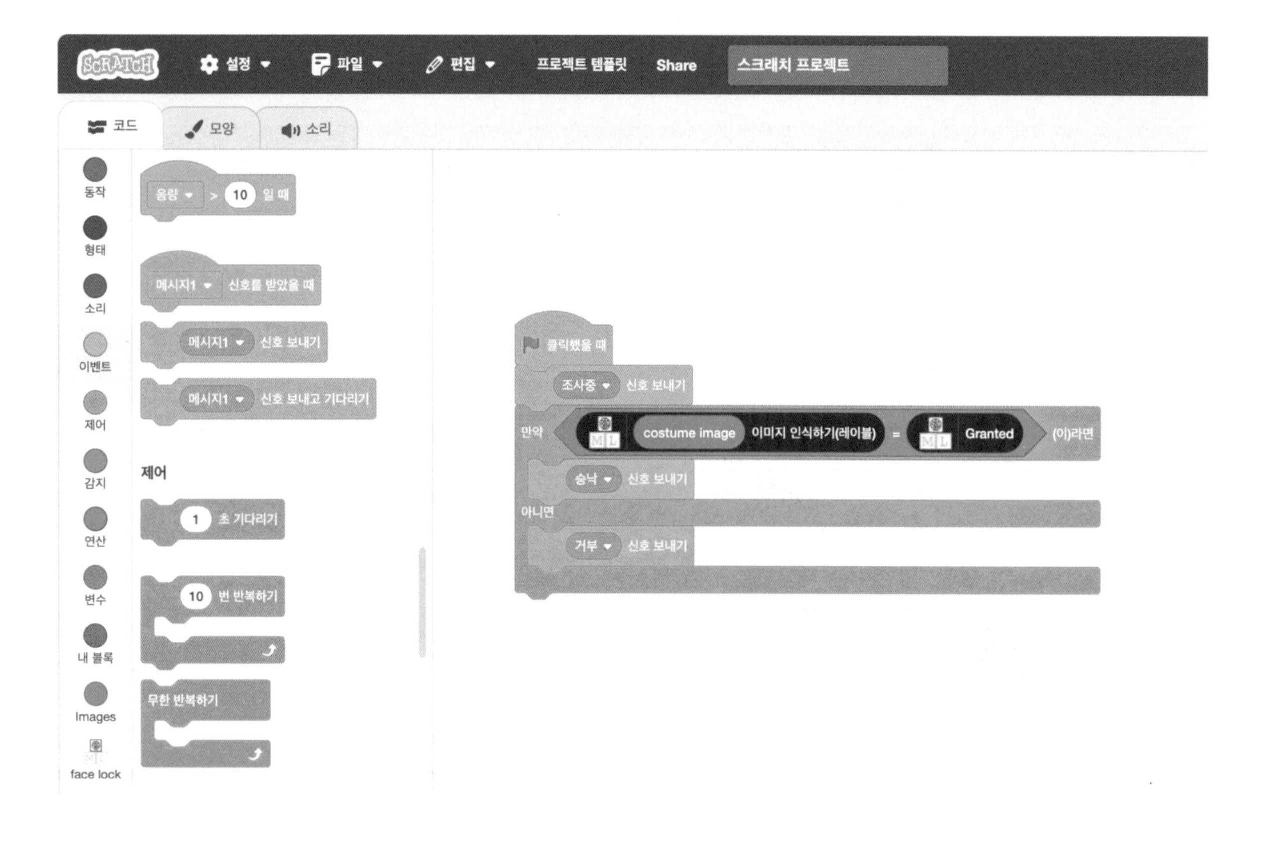

블록 구조에 대한 설명입니다.

초록 깃발을 클릭하면 조사 중으로 신호를 보냅니다. (주어진 모양 이미지를 분석합니다.)

만약 모양 이미지가 본인 사진이면 승낙 신호를, 그렇지 않다면 거부 신호를 보내게 됩니다.

얼굴 인식을 하려면 다시 카메라 사진이 필요합니다. 상단의 '모양'을 눌러 자신의 사진을 웹캠으로 찍습니다.

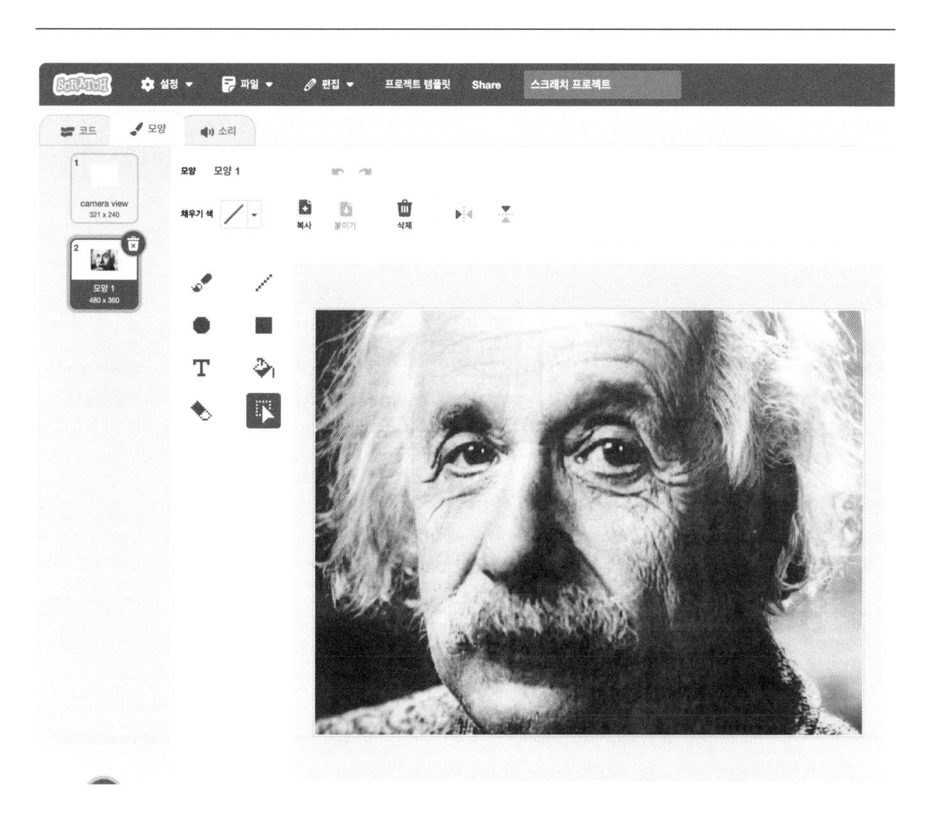
설정
파일
편집
프로젝트 템플릿
Share
스크래치 프로젝트
코드
모양
소리
모양 1
camera view
321 x 240
480 x 360
채우기 색
복사
붙이기
삭제

설정
파일
편집
프로젝트 템플릿
Share
스크래치 프로젝트
코드
모양
소리
동작
costume image
이미지 인식하기(레이블)
Granted
GRANTED
front-camera

그리고 아래와 같이 블록들을 완성합니다.

블록 구조에 대한 설명입니다.

신호의 형태에 따라 배경을 바꿉니다. (조사 중일 때는 scanning, 승낙일 때는 granted, 거부일 때는 denied로 각각 배경 이미지를 바꿔 줍니다.)

초록색 깃발을 눌러 얼굴 잠금 해제 프로그램을 시작해 봅니다. 조사 중 일 때에는 scanning 배경 이미지가 뜨다가 저장해 두었던 사진과 동일 인물이면 granted 배경 이미지가 뜨는 것을 확인할 수 있어요. 여러분은 다 통과되었나요?

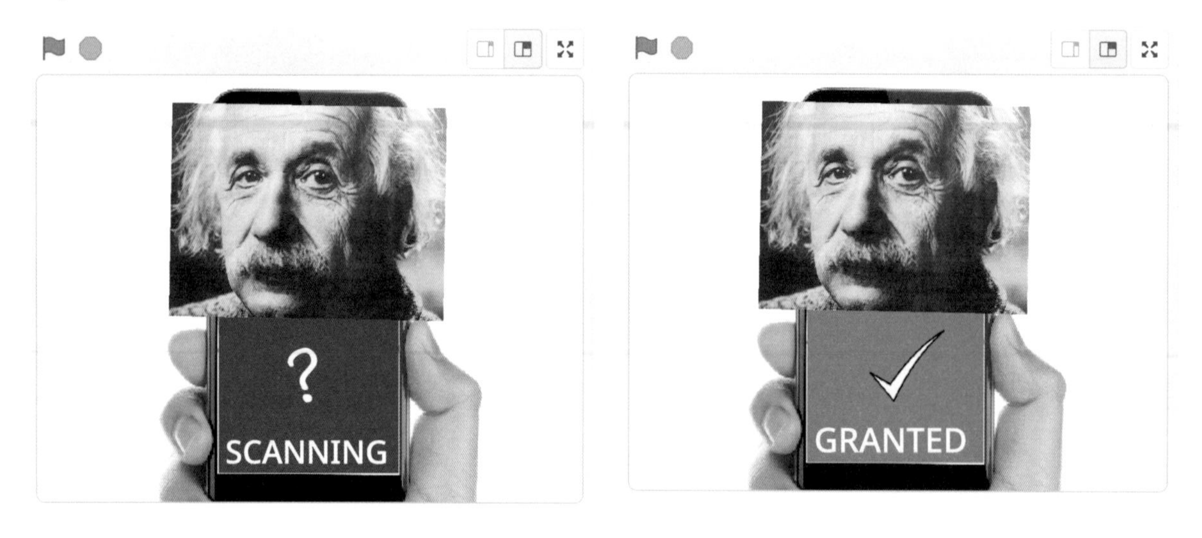

③ 정리하고 생각하기.

자신의 사진 10장을 찍어서 대조해 본 결과, 몇 장이 승낙을 받았나요? 다 승낙을 받았나요? 아니면 1장도 승낙을 못 받았나요? 옷을 갈아입으면 어떻게 되나요? 또는 장소를 바꾸면 인식을 할까요? 아마 컴퓨터는 거부를 몇 장 했을 것입니다.

그렇다면 컴퓨터가 실수를 하지 않고 완벽하게 맞힐 수 있는 방법은 없을까요? 위에서 설명한 바와 같이 여러 방면의 각도, 장소, 옷차림이 변경된 사진을 통해 훈련을 해 봅니다.

이미지 인식으로 나의 얼굴을 인식하게 해서 다른 사람의 입장을 허용하지 않도록 튼튼한 보안 시스템을 만들 수 있어요. 자신의 사진은 매우 중요한 개인 정보이니 만들고 체험하기를 끝내고 컴퓨터를 끄기 전에 자신의 사진은 컴퓨터에서 모두 삭제(휴지통에 버리기)해야 합니다.

요즘의 스마트폰들은 얼굴 인식을 통해서 휴대폰 잠금 장치 보안을 많이 쓰고 있답니다. 우리의 얼굴은 성형 수술을 하지 않는 한 웬만해서는 변하지 않습니다. 그렇기 때문에 얼굴 인식 기술은 여러 산업 보안에서도 많이 사용하고 있습니다.

이렇게 이미지 인식으로 허가받은 사용자들을 찾아낼 뿐만 아니라, 주요 인물이나 범죄자 등을 가려낼 수도 있답니다. 이미 각국의 많은 특수 정보 기관들은 이러한 얼굴 인식 시스템으로 국제 테러 용의자들을 색출하는 등 많은 곳에 사용합니다. 우리나라에서는 실종된 아동의 나이에 따른 얼굴 변형을 예측하고 추적하는 데 사용하고 있어요.

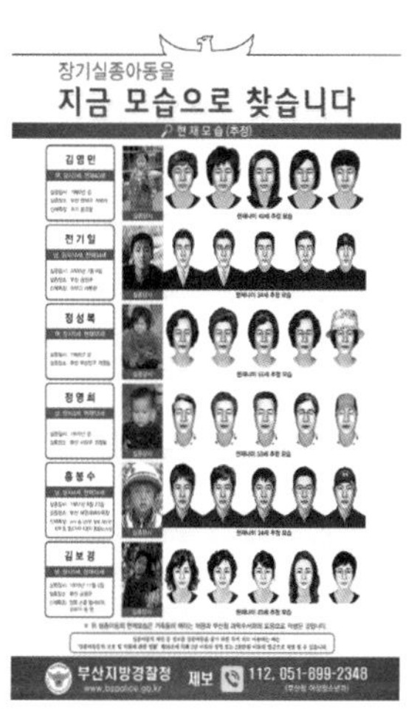

2 인공 지능의 음악 세계

1. 음악과 우리

박사님 승현이는 언제 음악을 듣나요?

승현 학교 올 때도 듣고 쉬는 시간에도 들어요.

박사님 음악을 찾아서 들을 때 말고 어디선가 음악이 들린다고 느낀 적은 없나요?

승현 그러고 보니 음악은 항상 들리는 것 같아요.

소연 수업 종소리와 핸드폰의 벨 소리도 음악이죠.

승현 텔레비전, 영화, 광고 등 모든 곳에서 음악을 들을 수 있어요. 친구와 함께 게임을 할 때도 음악이 항상 나와요.

박사님 음악은 이렇게 우리 생활 속에 깊숙이 들어와 있습니다. 참으로 많은 곳에서 음악을 사용합니다. 그래서 다양한 음악이 많이 만들어져야 합니다.

소연 인공 지능이 그림을 그렸던 것처럼 작곡도 하나요?

박사님 예, 인공 지능은 모든 장르의 음악을 작곡할 수 있습니다. 그림과 작곡 등 예술 분야에 인공 지능 학습을 적용시키는 인공 지능 기술이 있습니다. 음악 데이터를 컴퓨터에게 알려주면 인공 지능이 학습하여 새로운 음악을 만들어 냅니다. 이런 사이트에 한번 들어가 보면 재밌는 것들을 많이 볼 수 있답니다. (https://magenta.tensorflow.org/)

승현 인공 지능에게 음악을 작곡하게 하려면 어떻게 해야 하나요?

박사님 음악을 만들 수 있는 프로그램을 컴퓨터나 핸드폰에 설치합니다. 그리고 짧은 멜로디나 박자를 만들어서 인공 지능 음악 프로그램에 적용시킵니다.

소연 사람이 멜로디를 주어야 하나요?

박사님 인공 지능 스스로 작곡을 하는 프로그램도 있지만 지금까지 발달된 음악 인공 지능은 사람과 함께 작곡하는 경우가 많습니다.

승현 제가 박자를 알려주면 인공 지능은 어떻게 음악을 만드나요?

박사님 주어진 박자나 멜로디를 가지고 작곡자가 원하는 분위기의 음악으로 만들어 줍니다. 악기의 종류, 음악의 길이, 분위기 등 작곡자는 인공 지능을 이용하여 자유롭게 음악을 만들 수 있습니다.

2. 어려운 것을 쉽게? 쉬운 것을 어렵게?

승현 박사님, 저는 피아노를 치는 것이 재미있지만 배우는 과정이 너무 어려워요. 인공 지능은 작곡하고 연주하는 것이 어렵지 않다고 하는데 저는 왜 어렵게 피아노를 배우고 연주해야 할까요?

박사님 인공 지능을 공부하는 과학자들, 앞으로 다가올 미래를 걱정하는 사람들이 승현이와 비슷한 질문을 하고 있어요. 우리가 어렵게 공부하고 연습해야 하는 일들이 인공 지능에게는 너무나 쉬워서 우리가 어렵게 공부하고 있는 것이 의미 없게 느껴질 때도 있습니다. 하지만 승현이가 열심히 피아노를 연습해서 어느 순간 손쉽게 연주하게 되었을 때, 인공 지능이 연주하고 작곡하는 것과 완전히 다른 차이를 가지게 됩니다.

승현 인공 지능은 어떻게 피아노를 연주하나요?

박사님 인공 지능이 승현이처럼 피아노로 연주하기 위해서는 로봇 팔이 필요합니다. 물론 디지털 피아노도 있고 악기 없이 컴퓨터로만 피아노의 소리를 낼 수도 있습니다. 하지만 인공 지능 스스로 음악을 즐겁게 연주하고 느낌에 따라 다르게 연주하여 음악을 듣는 사람들에게 어떤 감동을 주는지는 계속 연구해 보아야 합니다.

승현 제 연주를 듣고 사람들이 행복해하는 모습이 좋아요.

박사님 그렇지요? 무엇보다도 승현이가 음악을 연주하는 과정에서 느끼는 기쁨은 인공 지능은 알 수 없는 승현이만의 것입니다.

박사님 인공 지능의 작곡 능력은 우리가 사용하는 도구입니다. 인간은 지금까지 없었던 새로운 악기를 가지게 된 셈이에요. 피아노와 바이올린, 피리 등 모든 악기 역시 누군가 발명한 도구입니다. 인공 지능으로 작곡하고 연주하는 것은 우리에게 새로운 음악의 세계를 소개해 주는 것입니다.

사고력과 창의력 키우기

음악으로 치료해요.

이탈리아의 과학자들이 뇌를 다친 환자에게 음악을 들려주었을 때 달라지는 심장 박동수로 감정 변화를 연구하였는데, 이때 인공 지능을 활용했다고 합니다. 뇌를 다친 사람은 감정 표현이 쉽지 않기 때문에 감정을 알 방법이 필요했습니다.

그 방법이 바로 심장 박동인데요. 여러분은 놀라거나 기쁠 때 심장 박동이 빨라지고 기분이 차분해질 때 심장 박동이 느려지는 것을 경험한 적이 있을 것입니다. 그리고 어떤 음악을 들을 때는 심장이 쿵쾅거리고 어떤 음악을 들을 때는 편안한 기분이 드는 것을 경험한 적도 있을 것입니다. 바로 이렇게 음악과 감정이 연결되어 있다는 것을 이용하여 뇌 연구에 사용하였습니다. 인공 지능은 뇌를 다친 사람에게 여러 가지 음악을 들려주는 것으로 감정을 유도해서 이것을 심장 박동수로 측정했습니다. 뇌를 다쳐서 의식이 없는 것처럼 보이는 사람도 음악을 들려주었을 때 심장 박동 수에 변화를 보였다고 합니다.

사고력과 창의력 키우기

인간 작곡가는 인공 지능 작곡가에 밀려나게 될까요?

인공 지능을 활용한다면 인간의 가능성을 더 키워 줄 수 있습니다. 또한 인공 지능을 확장시키는 창의성은 인간에게서 나옵니다.

인공 지능도 음악을 듣고 즐길까요?

4부

2100년도 우리의 생활 모습은?

1. 미래의 일상 생활

1. 기계와 사람: 사이보그
2. 곤충 로봇이 있어요

■ 사고력과 창의력 키우기

활동 1 인공 지능 챗GPT와 대화하기

2. 변화하는 미래

1. 미래에 나의 하루는 어떨까?
2. 미래 환경과 인공 지능

■ 사고력과 창의력 키우기

활동 1 가상 선풍기와 스탠드 만들기

1 미래의 일상 생활

1. 기계와 사람: 사이보그

소연 박사님, 어제 친구들과 **사이보그**가 나오는 영화를 보았어요.

박사님 오, 소연이가 사이보그를 알고 있네요! 그럼 오늘은 사이보그에 대해서 이야기해 볼까요? 사이보그라는 것은 뭘까요. 이 말은 **사이버네틱스**와 **생물**의 합성어입니다. 간단히 말하면 기계와 인간이 합쳐진 것을 뜻합니다. 그럼, 보청기를 사용하는 할아버지는 사이보그일까요? **인공 와우**를 이식한 사람은 사이보그일까요? 이것도 인공 장기의 이식으로 그칠 뿐 사이보그라고 보기는 어려워요.

승현 박사님, 그럼 사이보그는 무엇인가요?

박사님 사이보그를 이해하는 것이 아직 어렵죠?

예를 들어 봅시다. 갑작스러운 사고로 오른쪽 팔을 잃게 되어 인공 팔을 착용해야 하는 사람이 있습니다. 이때 인공 팔의 외관은 손의 모양과 흡사하지만

사이보그란?

기계가 자기 조절하는 시스템을 목표로 하는 '사이버네틱스'와 생물의 합성어이며, 기계와 인간이 합쳐진 것을 말합니다.

인공 와우란?

보청기를 사용해도 도움을 받지 못하는 난청 환자에게 와우(달팽이관)의 신경을 전기로 자극하는 와우이식기를 이식함으로써 뇌에서 소리를 인지할 수 있도록 하는 수술을 말합니다.

움직일 때는 갈고리 모양의 손끝으로 물건을 끌어당기는 정도가 됩니다. 그러니까 사람이 의식해서 움직이겠다는 생각을 해야 움직일 수 있는 것이죠.

하지만 사이보그는 기계와 인간이 일체가 되어 움직이는 한 몸과 같습니다. 질병이나 사고로 상처가 생긴 신체에 근육과 뼈를 신경과 직접 연결하는 방법을 사용하죠. 그러면 마치 오래된 내 팔같이 움직이는데, 사람의 뇌 신호를 읽어내기 때문에 사람이 특별히 의식하지 않아도 신체와 하나가 되어서 사람의 감각과 운동 기능을 유지할 수 있습니다. 이렇게 사람과 기계가 하나가 되어 인공적인 존재가 된다는 것이 정말 신기하지 않나요?

소연 신기해요! 박사님 그런데 사이보그가 실제로 있나요?

박사님 그럼요. 세계 최초의 사이보그는 2004년 영국에서 등장했습니다. 모든 사물이 흑백으로 보이는 선천성 전색맹으로 태어난 닐 하비슨은 예술 학교에 진학한 후에도 흑백의 예술 작품만 그려야 했고, 상상력은 틀에 갇힌 상태로 힘든 나날을 보냈죠. 하지만 놀랍게도 그는 현재 **사이보그 아티스트**가 됐어요. 바로 색상을 움직임으로 알려주는 안테나를 두개골에 이식하여 소리 증폭기로 이용했기 때문입니다.

사이보그로 새로 태어난 후 닐 하비슨은 굉장히 재미있는 경험들을 하게 됩니다. 색을 보는 능력이 계속 자란다는 거였어요. 기계에서는 **업그레이드**라고 하는 바로 그것이에요.

업그레이드란?
사용 중인 소프트웨어는 시간이 지나면 향상된 새로운 버전이 도입되는데, 지우고 다시 설치하는 것이 아니라 업그레이드를 통해 성능을 향상시키는 것을 말합니다.

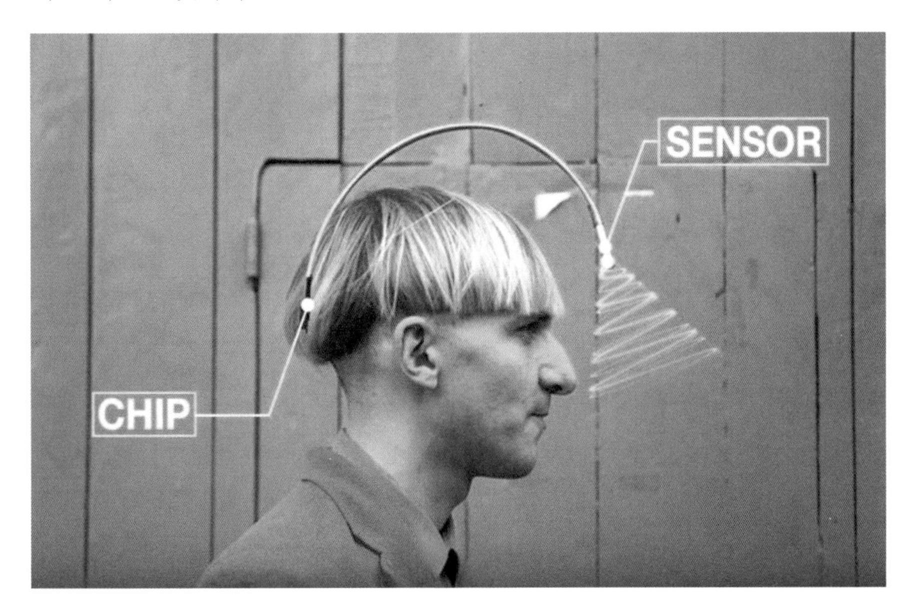

닐 하비슨의 색 감지 과정

닐 하비슨은 사이보그가 된 후로 오히려 사람의 시각이 굉장히 제한되어 있다고 느끼게 되었고, 우리 주위에 사람의 눈으로 볼 수 없는 색이 굉장히 많다는 사실을 알게 되었어요. 각 색상의 주파수는 닐 하비슨의 머리에서 뚜렷한 진동을 전달해 주었고, 자외선과 적외선까지 빛의 주파수를 감지할 수 있죠. 자외선을 '듣고', 일광욕을 하기에 좋은 날인지, 나쁜 날인지 알 수 있게 된 것이죠.

소연 닐 하비슨은 사람인데, 색을 보게 된 것을 넘어서서 보는 능력이 향상된다니, 굉장히 신기하고 부럽기도 해요. 세상이 다르게 보일 것 같아요. 그러면 박사님! 사람은 그 정도까지 볼 수는 없는데, 안테나를 심어서 더 많은 색을 보게 된 하비슨은 사람이라고 해야 되요. 아니면 기계라고 해야 되나요?

박사님 소연이가 중요한 질문을 해 주었어요. 닐 하비슨은 바로 그 질문을 받고, 선뜻 **진화**라고 대답했어요. 인간이 기계와 만나서 **생물학적 진화**를 이루어 냈다는 뜻이에요. 찰스 다윈이 이야기한 것과 같이 오랫동안 생명체들이 환경에 따라 진화한 것으로 볼 수 있고, 그럼 세상에 모든 생명체는 변화할 수 있는 것이죠.

진화란?
지구의 생명체들이 살아가면서 환경에 적응하고, 발전해 가는 과정을 말합니다. 생물학적 진화는 생물이 현재 상태에 이르기까지 수십억 년간 겪는 변화의 과정을 말합니다.

2. 곤충 로봇이 있어요.

승현 박사님! 오늘 텔레비전에서 곤충과 똑같이 생긴 로봇을 봤어요. 곤충 로봇이 정말 있어요?

박사님 승현이가 아마 **생체 모방 로봇**을 본 모양이군요. 생체 모방 로봇은 새, 곤충, 물고기의 우수한 특징을 본떠서 만든 로봇입니다. 예를 들면 잘 뛸 수 있는 로봇을 만들기 위해 캥거루를 닮은 로봇을 만들고, 공중에 떠 있을 수 있는 작은 로봇이 필요하면 벌새를 닮은 드론(Drone)을 만들기도 하죠. 쉽게 말해서 생명체들이 환경에 적응하며 살아온 방법을 보고, 힌트를 얻어서 만들어 낸 것입니다.

생체 모방 로봇이란?
생물(인간, 곤충, 동물)의 구조나 운동, 인지 방법을 빌려 온 로봇을 말합니다.

소연 그런데 이런 생체 모방 로봇을 왜 만들까요?

박사님 좋은 질문이네요. 날 수 있는 로봇을 만들기 위해서 하늘을 날아다니는 새의 날개 구조를 가지고 온 것이에요. 그것은 바로 로봇의 외형이 능력과도 이어지기 때문입니다. 카네기 멜론 대학교의 **나노로보틱스(Nano-Robotics)** 실험실에서는 물 위에 떠서 움직일 수 있는 마이크로 로봇을 개발했는데, 소금쟁이가 물 위를 떠서 이동하는 움직임을 분석해서 설계했다고 해요. 소금쟁이를 분석해서 만든 생체 모방 로봇은 사람은 할 수 없는 물 위에서 걷기를 할 수 있어요. 그런 능력으로 사람을 도울 수 있을 거예요.

나노로보틱스란?
그리스 어로 아주 작다는 뜻의 '나노' 크기의 로봇을 제조하는 과학과 기술을 말합니다.

승현 그러면 생체 모방 로봇은 굉장히 다양하겠네요.

라이트 형제가 만든 동력 비행기.

박사님 그렇죠? 사실 사람이 생물의 움직임을 모방하려는 시도는 오래전부터 있어 왔어요. 레오나르도 다 빈치는 새의 날갯짓을 본떠서 비행기를 설계했고, 라이트 형제는 동력 비행기를 만들기 위해 새의 날개를 모방했어요.

지금도 사람들에게 도움이 되는 생체 모방 로봇을 만들기 위한 연구가 꾸준히 계속되고 있어요. 실제로 생체 모방 로봇이 사람에게 도움이 된 사례가 있답니다. 2011년 3월, 일본에 발생한 지진과 쓰나미로 도시가 파괴되고, 엄청난 인명 피해가 발생했습니다. 바로 그 상황에 사용된 것이 생체 모방 로봇 **스코프(Scope)**입니다. 스코프는 뱀처럼 생긴 외형에 고속 이동을 하면서 쓰나미 속 잔해 더미에 숨겨진 생존자를 찾아내는 데 도움을 주었습니다. 또한 사람이 갈 수 없는 좁은 공간을 초속 82센티미터로 이동하면서 피해 현장을 영상으로 촬영하여 많은 생명을 구출했죠. 사람이 갈 수 없는 곳에 직접 가서 많은 사람을 구출한 스코프가 참 고맙게 느껴지지 않나요?

스코프란?

일본 도호쿠 대학교에서 개발한 전체 길이 약 65센티미터, 이동 속도 초속 82센티미터, 고해상도의 광학 카메라를 머리에 탑재한 뱀 모양의 탐사 로봇입니다. 붕괴 사고에서 잔해더미 깊숙이 묻힌 생존자를 찾아내는 데 사용되기도 합니다.

사고력과 창의력 키우기

앞에서 세계 최초의 사이보그 닐 하비슨을 살펴보았습니다. 사이보그는 기계처럼 능력이 업그레이드가 된다고 합니다. 이런 기계들은 이처럼 좋은 점들이 있지만, 몸에 부착해야 합니다. 그런 점 때문에 사람이 기계가 되려고 하는 것이라며 반대하는 사람들도 있어요. 여러분은 필요한 경우에 사이보그가 되는 것을 선택할까요? 여러 장단점을 골고루 따져서 선택의 이유를 서로 이야기해 봅시다.

사고력과 창의력 키우기

여러분이 생각하기에 미래에 필요한 생체 모방 로봇에는 어떤 것이 있을까요? 어떤 생물을 모방해야 될까요? 또 어떻게 사용되어야 할까요? 자유롭게 상상해 보고, 이야기해 봅시다.

■ 활동 1 인공 지능 챗GPT와 대화하기

전화가 없던 시절에는 훈련이 잘된 새를 이용하여 먼 곳까지 메시지를 전달하기도 했습니다. 이제는 기술이 발달하여 잘 만들어진 드론으로 먼 곳으로 물건을 보내는 것이 가능해졌습니다. 새처럼 날 수 있는 드론을 직접 조정해서 원하는 목적지까지 가 보도록 할게요. 혼자 하면 심심하니 옆에는 인공 지능으로 여러 장애물을 스스로 피해 가며 목적지까지 갈 수 있는 드론도 준비했어요. 누가 빠를까요?

① 준비: 스마트폰에 '날아라 드론'을 설치하고 드론을 조정할 준비를 해 볼까요? 우선 드론이 어떻게 움직이는지 알아야 합니다. 그래야 스마트폰에 탑재된 조정기로 원하는 목적지까지 움직일 수 있을 테니까요.

② 드론에는 기본적으로 4개의 모터가 달려 있습니다. 조정기를 이용해서 방향을 조정하면 해당 방향으로 나아가기 위해 각각의 모터 속도를 조절해서 방향을 전환하게 됩니다.

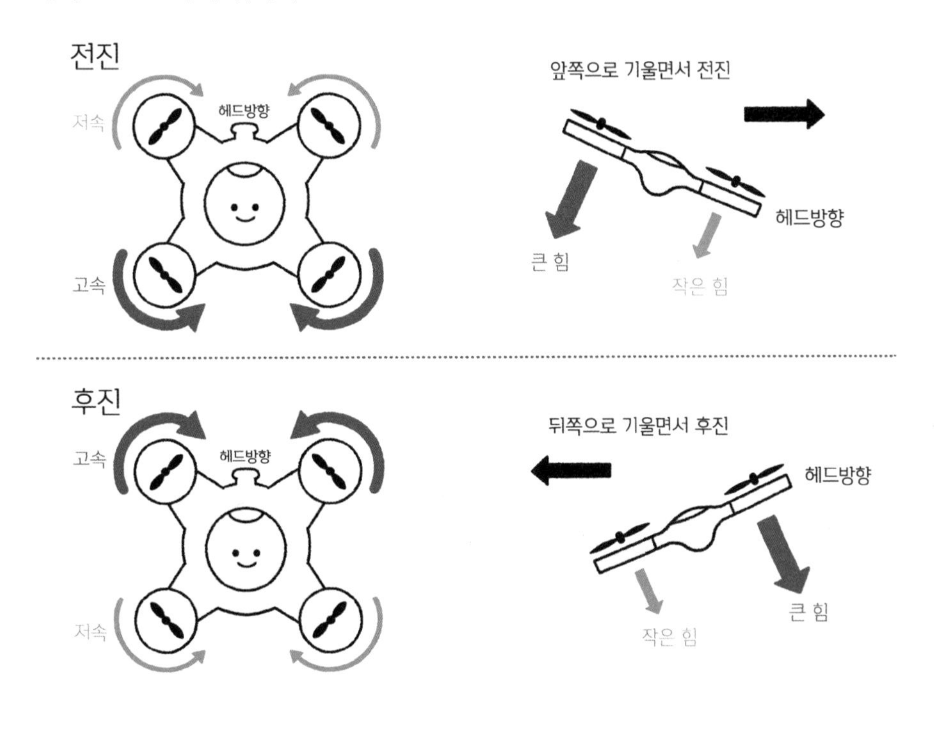

전진: 뒤쪽 모터의 속도를 높여 머리를 숙이며 앞으로 전진한다.

후진: 앞쪽 모터의 속도를 높여 머리를 들고 뒤로 후진한다.

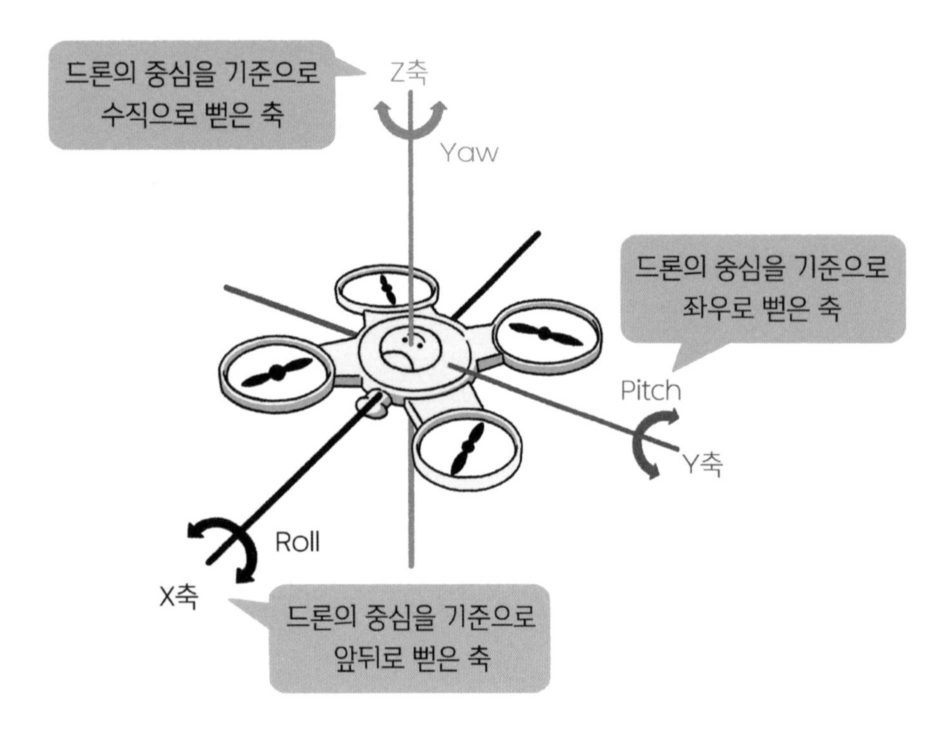

자동차는 2차원 평면으로 움직이니 좌우, 전진, 후진의 간단한 움직임이 전부이지만, 공중에서 3차원으로 움직이는 드론의 방식은 3개의 축을 기준으로 Yaw(요), Pitch(피치), Roll(롤)이라고 합니다.

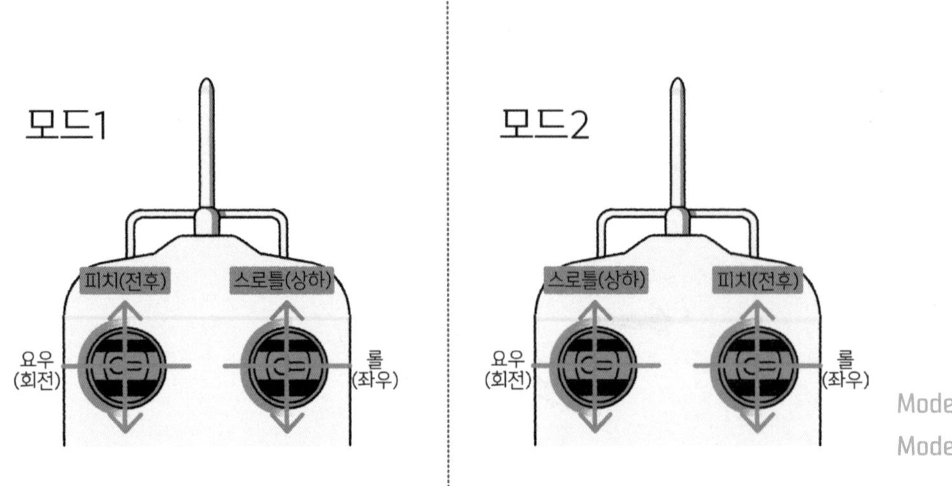

Mode1(상단)과
Mode2(하단) 조정기

조정기를 조작해서 드론을 움직일 수 있어요.

실제 드론은 먼 곳까지 자유롭게 이동할 수 있어 편리하지만 사람과 부딪힐 수도 있어 매우 위험하니 부모님(선생님)의 도움을 받아 조종해야 합니다.

③ 정리하고 생각하기.

드론이라는 용어는 원래 꿀벌이나 개미 같은 벌목과의 수컷을 일컫던 말이에요. 드론이 비행할 때 나는 소리가 수벌의 비행 소리와 비슷해서 붙은 이름이랍니다. 사람에게는 없는 비행의 능력을 기계와 인공 지능으로 구현해 가고 있습니다. 여러분은 다른 동물의 어떤 능력을 갖고 싶나요? 무거운 가방을 대신 들어줄 말이나 소 같은 동물의 능력이 필요한가요?

군복이나 무기 등 무거운 물건을 운반해 주는 군용 로봇?

여행 가방을 운반해 주는 인공 지능 캐리어?

2 변화하는 미래

1. 미래에 나의 하루는 어떨까?

박사님 여러분, 오늘은 미래에 나의 하루를 상상해 보려고 합니다.

여러분이 상상하는 미래의 모습은 어떤가요?

소연 저는 미래에는 제 로봇이 생길 것 같아요. 항상 제 옆에서 저를 도와주는 로봇이요!

승현 전 제가 먹고 싶다는 생각만 하면 바로 만들어 주는 요리사 로봇이 있었으면 좋겠어요!

박사님 여러분 모두 아주 재미있는 생각을 했네요.

그리고 꽤 그럴듯한 생각인데요? 소연이 말대로 사람 옆에서 항상 따라다니며 도와주는 로봇이 등장할지도 모르죠. 전문가들은 2060년에는 생활 속 로봇이 보편화되어서 '1인 1로봇'의 시대가 열린다고 하니 말입니다. 또한 생각만 해도 요리를 해 주는 정도는 아니지만 지금도 요리하는 로봇은 있죠. 미래에는 승현이가 말하는 것처럼 먹고 싶은 요리를 생각만 해도 만들어 주고, 음식의 열량, 주요 영양소, 부족한 영양소까지 알려주면서 곁들일 메뉴까지 추천해 주는 멋진 로봇이 나타날 수도 있습니다.

박사님 상상을 계속 이어 가 볼까요? 요리사 로봇에게 도움을 받아서 영양가 있는 아침 식사를 하고, 약속 장소에 가기 위해 준비를 할 수도 있겠죠. 그럼 우리의 인공 지능 로봇은 옷방과 연결해서 현재의 바깥 기온, 습도, 일교차를 계산한 후에 최적의 옷을 추천해 줄 것입니다. 아마 날씨가 맑다면 날씨가 맑을 때 가장 자주 입던 옷을 추천해 주겠죠.

이렇게 가전 제품을 비롯한 집 안의 모든 장치를 연결하여 제어하는 기술을 **스마트 홈(Smart home)**이라고 부릅니다. 다른 말로 **IT(information technology, 정보 기술) 주택**이라고도 하죠. 냉장고, 에어컨, 텔레비전 등 다양한 분야에서 모든 것을 연결하여 모니터링하고 제어할 수 있는 기술입니다. 예를 들어 스마트 폰이나 인공 지능 스피커를 이용해서 원격 조종을 하면 집 안의 모든 기기들이 자동으로 작동되는 것이죠.

스마트 홈은 안전과 **웰빙(well-being)**을 중심으로 삶의 질을 향상시키는 것이 목적이라고 합니다. 특히 **홈 헬스 케어 서비스(home health care services)**는

스마트 홈이란?
가전 제품을 비롯한 집 안의 모든 장치를 연결하여 제어하는 기술을 말합니다. 텔레비전, 에어컨을 비롯해 보안 기기 등 다양한 분야에서 모든 것을 통신망으로 연결하여 조종할 수 있습니다.

IT 주택이란?
첨단 정보 통신 기술을 융합하여 집 안의 다양한 기기들이 홈 네트워크로 연결되어 인간 중심의 서비스를 지원하는 주택을 말합니다.

웰빙이란?
육체적, 정신적 건강의 조화를 통해 행복하고 아름다운 삶을 추구하는 유형이나 문화를 통틀어 일컫는 개념입니다.

홈 헬스 케어 서비스란?
정보 통신 기기를 이용해서 실시간으로 건강 관리를 해 주는 서비스를 집에서 받는 것을 말합니다. 다른 말로 '가정 간호 서비스'라고도 불립니다.

집에서도 인터넷으로 의료 서비스를 받을 수 있도록 도와준답니다.

소연 박사님, 원격 조종을 하면 어떻게 자동으로 작동된다는 것인지 잘 모르겠어요.

박사님 그렇군요. 이해하기 쉽도록 예를 들어 볼까요? 날씨가 너무 추워서 소연이가 집에 들어가자마자 따뜻한 물을 마시고 싶다는 생각이 든다면 집에 들어가기 전 포트의 물을 끓일 수도 있습니다. 또, 집에 들어갔을 때 조명이 켜져 있으면 좋겠다는 생각이 들면 핸드폰의 버튼 하나로 조명을 켜 놓을 수 있죠. 이런 기능들은 모두 **블루투스(Bluetooth)**와 연결이 됩니다. 블루투스는 휴대 기기를 가까운 거리에서 서로 연결해서 정보를 교환하는 무선 전송 기술이에요. 미래에는 블루투스를 통해서 집 안과 밖을 모두 안전하게 제어하는 시스템이 점점 늘어날 것이라고 합니다.

블루투스란?
각종 휴대 기기와 핸드폰, 컴퓨터, 프린터 등이 근거리에서 무선으로 데이터를 주고받을 수 있는 무선통신 기술을 말합니다.

그런데 전문가들은 스마트 홈이 무척 편리하지만, 위험성도 커서 대비를 해야 한다고 해요. 우선, 각종 가전 제품이 컴퓨터를 이용하여 서로 연결되기 때문에 해킹에 노출되어 있죠. 사용자의 차와 연결되어 있는 인공 지능 스피커가 해킹된다면 사용자 말고 다른 사람이 차 시동을 걸어 도망갈 수도 있는 일입니다. 그래서 기술의 편리함을 누리기 위해서는 안전한 대비도 필요해요.

2. 미래 환경과 인공 지능

박사님 여러분, '인공 지능'이라고 하면 무엇이 떠오르나요?

승현 저는 사람처럼 말하고, 행동하는 로봇이 가장 먼저 떠올라요!

소연 저도 로봇이 가장 먼저 떠올라요!

박사님 많은 사람이 여러분처럼 생각할 겁니다.

하지만 인공 지능 기술이 자연을 지키는 데에 도움이 된다는 말을 들어 보았나요? 실제로 기후 변화, 동물들의 이주, 지구의 구조 등 다양한 현상을 분석하는 곳에 인공 지능 기술이 사용되고 있습니다. 대표적인 사례로 미국의 코넬 대학교에서는 조류학과와 컴퓨터 연구소가 팀을 꾸려서 개발한 앱, **이버드(eBird)**가 있습니다. 이버드는 일반 시민들이 자신의 동네에서 어떤 새들을 몇 마리나 관찰했는지 이 앱에 기록해요. 이렇게 관찰한 것을 토대로 빅 데이터를 사용해서 희귀한 새가 자주 등장하는 장소, 주로 먹는 먹이 등을 알 수 있게 되었죠.

앱이란?
스마트 폰이나 스마트 텔레비전 같은 스마트 기기에서 사용되는 응용 프로그램인 애플리케이션을 말하며, 이를 줄여서 앱이라고 부릅니다.

그런데 빅 데이터 말고도 또 등장하는 인공 지능 기술이 있답니다. 바로 **머신 러닝(machine learning)**입니다.

머신 러닝이란?
기계가 경험적 데이터를 기반으로 학습을 하고, 예측을 수행하며, 스스로의 성능을 향상시키는 시스템을 말합니다.

머신 러닝은 데이터로 학습을 해서 예측하고, 기계 스스로 학습하며 성능

을 향상시키는 기술입니다. 승현이 말대로 앱을 통해서 빅 데이터를 모으고, 머신 러닝으로 패턴 인식을 해서 각종 새의 주거지, 이동 지역을 분석하고, 예측할 수 있게 되었습니다. 빅 데이터의 양도 어마어마한데요. 지금까지 30만 명이 총 3억 회 이상의 관찰 기록을 남겼고, 이 사람들이 밖에서 새를 관찰한 시간은 무려 2200만 시간에 달한다고 합니다.

이러한 시민들의 기록 덕분에 새들의 서식지를 보호하는 데 정보를 적극적으로 활용할 수 있게 되었다고 합니다.

다른 야생 동물 보호에도 머신 러닝 기술이 사용되고 있습니다. 예를 들어 숲의 주변 소리를 녹음한 뒤에 코끼리가 주고받는 저주파 신호를 분석해서 밀렵꾼들이 쏘는 총소리나 코끼리의 밀집 장소, 개체수를 알 수 있죠.

소연 자연을 지키는 데에 인공 지능의 역할이 이렇게 큰 줄 몰랐어요! 머신 러닝과도 관련이 많은 것 같아요.

박사님 그렇죠? 머신 러닝은 인공 지능 기술 중에서도 가장 많이 사용되는 분야이기도 합니다. 지금까지 이야기한 것은 일부분에 불과하죠. 이뿐만 아니라 인공 지능 기술은 과학자들이 모은 다양한 데이터를 활용해서 지구가 어떻게 활동하고, 어떤 현상에 어떻게 반응할지를 더욱 정확하게 예측할 수 있을 겁니다. 실제로 미국 지질 조사국은 디지털 지층이라는 것을 만들어서 지표, 지층에서 일어나는 일들을 정확하게 예측하는 데 활용하고 있죠. 앞으로도 인공지능 기술은 빈곤 퇴치, 태양 에너지 개발을 위한 신소재 찾기 등 수많은 곳에서 사용되어, 사람들이 미래를 대비할 수 있도록 도울 것입니다.

사고력과 창의력 키우기

최근에는 스마트폰으로 텔레비전을 켜고, 미리 보일러를 틀어서 집을 따뜻하게 해 둘 수 있습니다. 이처럼 집에서 떨어진 상태에서도 원격으로 제어가 가능한 집을 스마트 홈이라고 합니다. 편리한 장점이 있는 반면에 컴퓨터로 모두 연결되어 있어 해킹에 취약한 단점이 있답니다. 여러분이 현재 사용하고 있는 스마트 홈 기술은 어떤 것이 있는지 말해 보고, 스마트 홈의 장점과 단점은 무엇이 있는지 이야기해 봅시다.

사고력과 창의력 키우기

머신 러닝이 사람들의 생활 영역에 미치는 영향이 점점 더 커지고 있습니다. 예를 들면 장소와 시간에 따른 범죄를 데이터화하고 머신 러닝으로 예측해서 미리 방지할 수 있지 않을까요? 여러분이 생각했을 때 어떤 분야에 머신 러닝이 필요할까요? 자유롭게 이야기해 봅시다.

■ 활동 1 가상 선풍기와 스탠드 만들기

우리 교실에 인공 지능이 우리의 말을 듣고 자동으로 움직이는 것을 만들고 싶다면 어떤 것들이 있을까요? 전등과 에어컨, 난방기 등을 자동으로 제어할 수 있을까요? 가상으로 선풍기, 탁상 등을 만들고 스크래치로 코딩하여 자동으로 움직이게 해 볼게요.

① 준비: 인공 지능을 훈련시키기 위해 컴퓨터나 노트북이 필요합니다. https://machinelearningforkids.co.uk/에 접속합니다.

② 먼저 일반 교실을 만들어 보겠습니다.

프로젝트 하나를 만들어 주세요. 인식 방법은 '텍스트'로 해 주고 언어를 반드시 'Korean(한국어)'으로 해 줘야 해요.

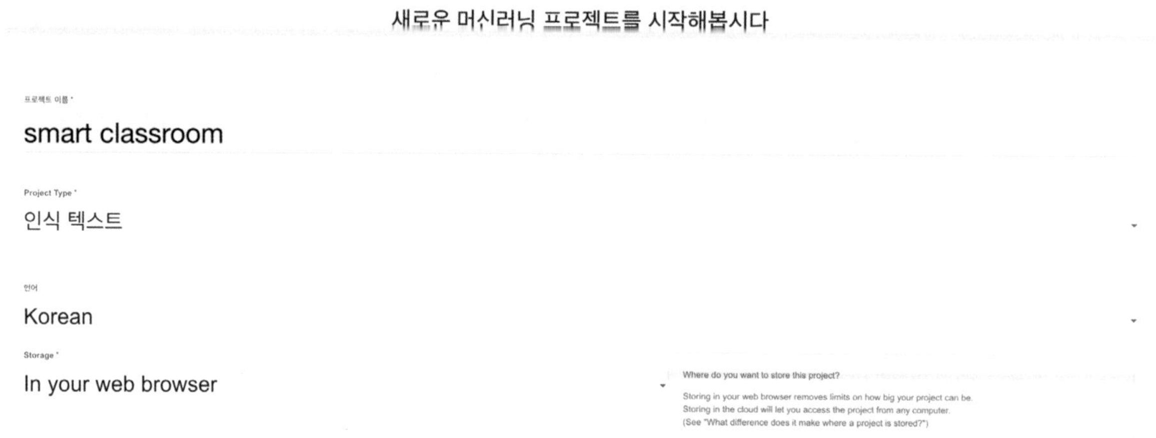

새로운 머신러닝 프로젝트를 시작해봅시다

프로젝트 이름 *
smart classroom

Project Type *
인식 텍스트

언어
Korean

Storage *
In your web browser

Where do you want to store this project?
Storing in your web browser removes limits on how big your project can be.
Storing in the cloud will let you access the project from any computer.
(See "What difference does it make where a project is stored?")

'프로젝트'를 클릭하세요.

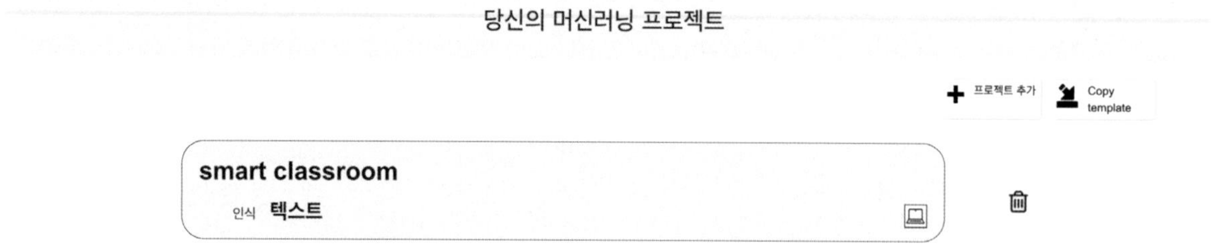

당신의 머신러닝 프로젝트

+ 프로젝트 추가 Copy template

smart classroom
인식 텍스트

일단 스마트 교실이 아닌 간단한 일반적인 교실을 만들어 볼 거예요. '만들기' 버튼을 누르고 스크래치 3으로 만들어 주세요.

"smart classroom"

여러분의 머신러닝 모델로 프로그램을 만들어봅시다.

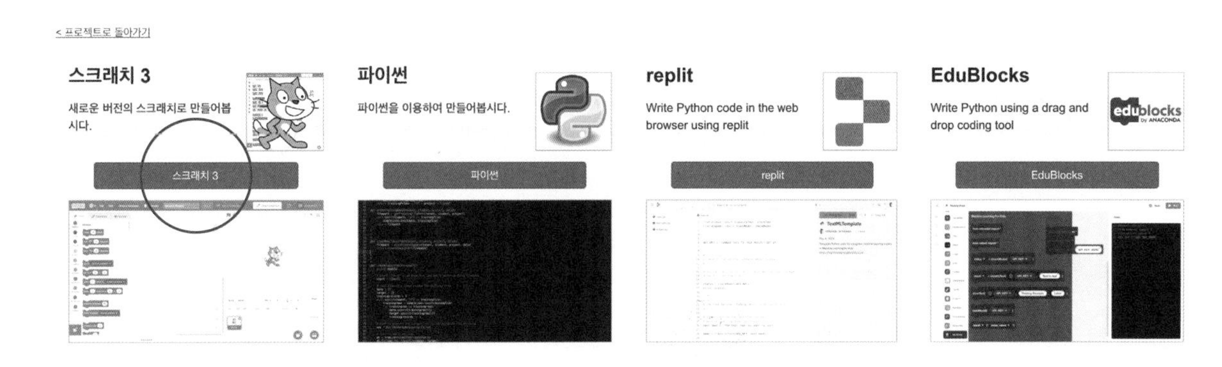

밑의 그림의 빨간색 네모가 쳐진 '스크래치' 부분을 클릭하세요. (간단한 테스트를 위해 아직 인공 지능 컴퓨터를 추가하지 않은 상태에서 진행해 봅니다.)

스크래치 3에서 머신러닝 사용하기

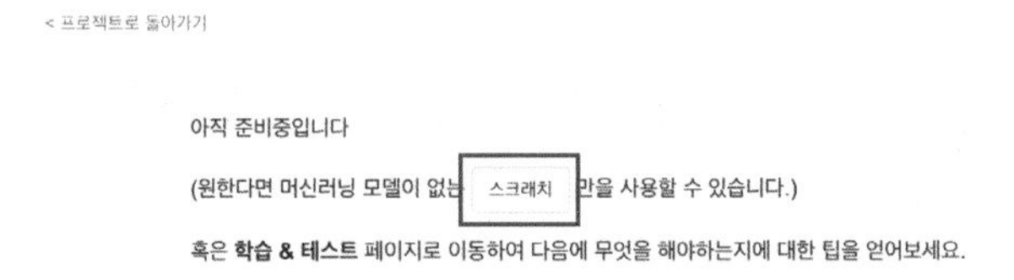

스크래치 화면이 나오면 왼쪽 위의 '프로젝트 템플릿'을 눌러 '스마트 교실'을 선택해 주세요.

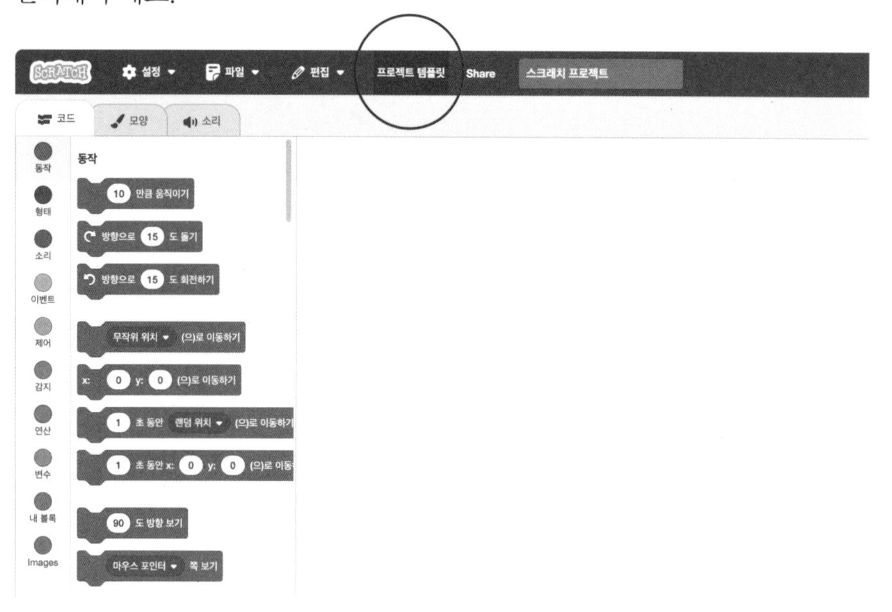

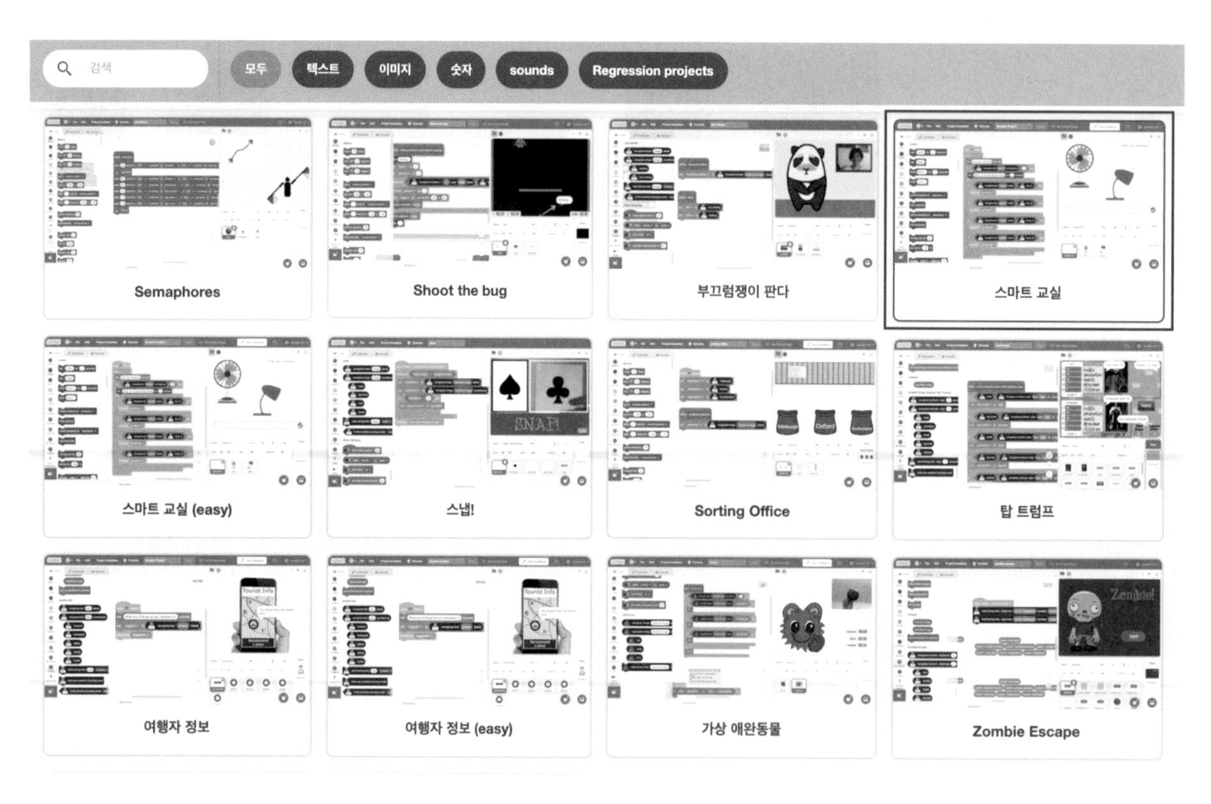

그리고 오른쪽 아래에 있는 'classroom' 스프라이트를 선택해 주세요.

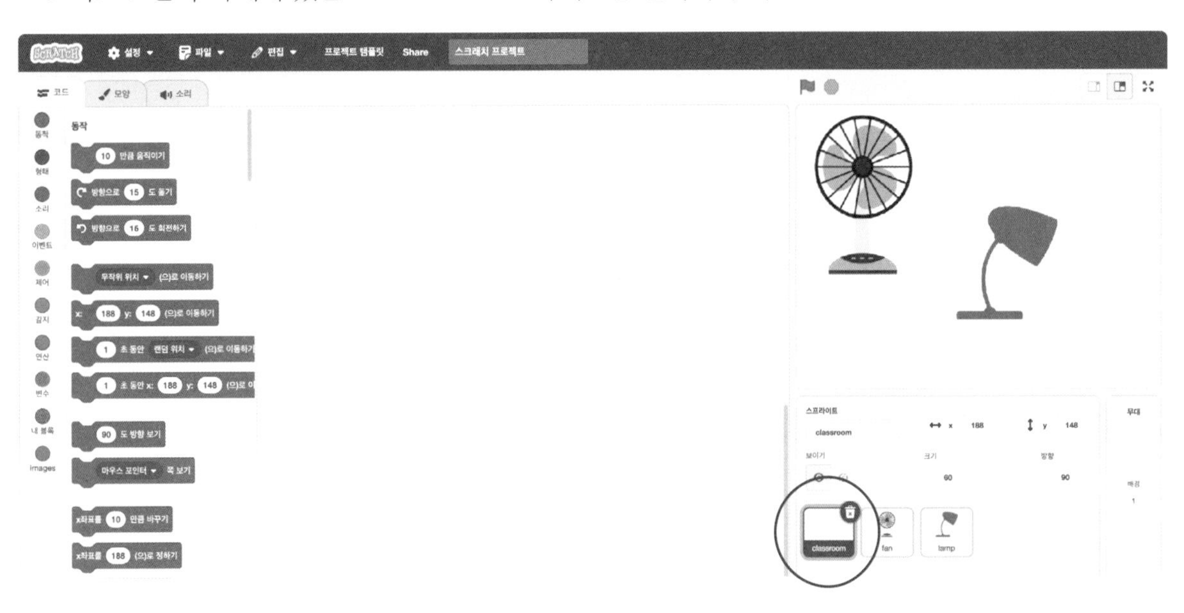

그리고 아래 그림과 같이 코드 블록을 만들어 주세요.

(코드 설명: 초록색 깃발을 클릭하면 프로그램이 실행이 되며 명령어를 입력하는 창에 "선풍기 켜 줘" 또는 "선풍기 꺼 줘" 등의 명령을 내리면 그에 맞는 신호들을 보내게 됩니다. 즉 "선풍기 켜 줘"라고 명령어를 치게 되면 선풍기가 켜지는 신호를 보내게 되어서 선풍기가 켜지게 되는 것이죠.)

코드 블록이 다 완성이 되면 혹시 모를 사태에 대비해서 스크래치를 저장합니다. 저장은 왼쪽 위에서 '파일', '컴퓨터에 저장하기' 순서로 버튼을 누르면 됩니다.

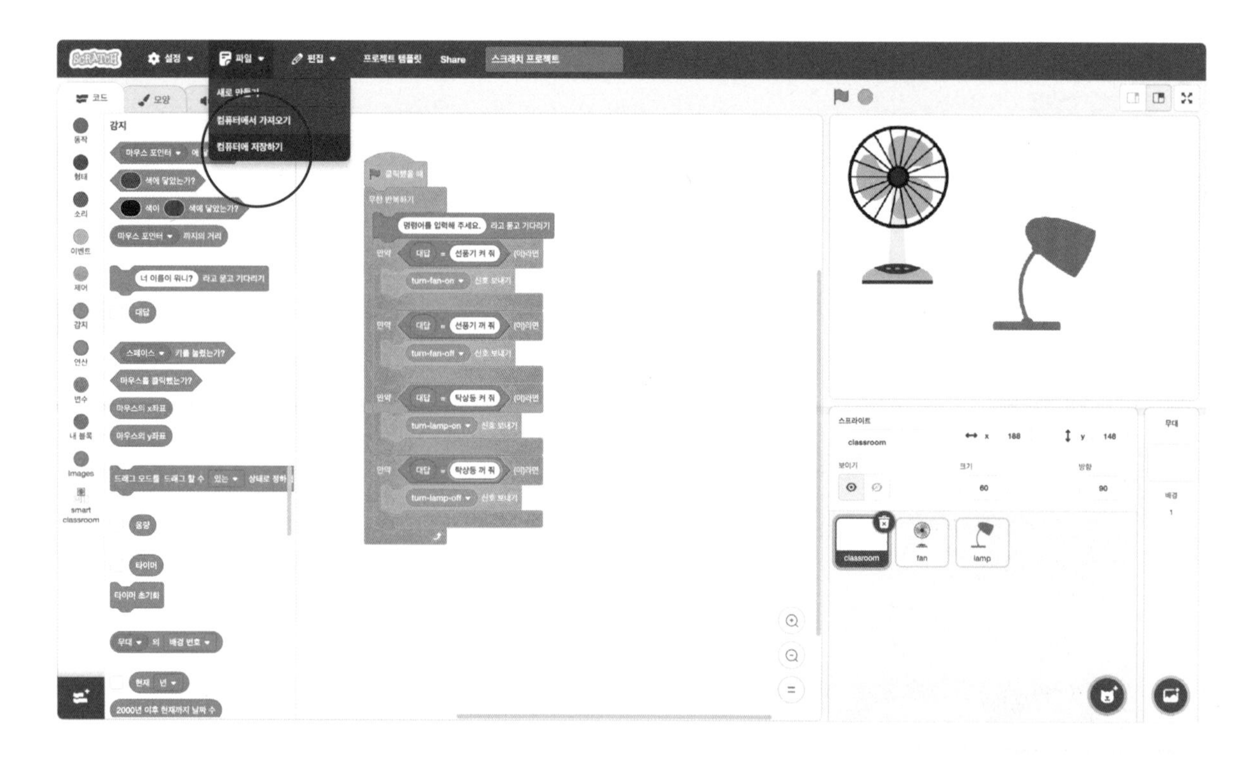

자 이제 초록색 깃발을 눌러 프로그램을 시작해 봅니다. 아까 코드 블록에서 작성했던 명령어들을 채팅창처럼 생긴 곳에 적고 체크 버튼을 눌러 보세요. 그림에서는 "탁상등 켜 줘"라고 입력해 봤어요.

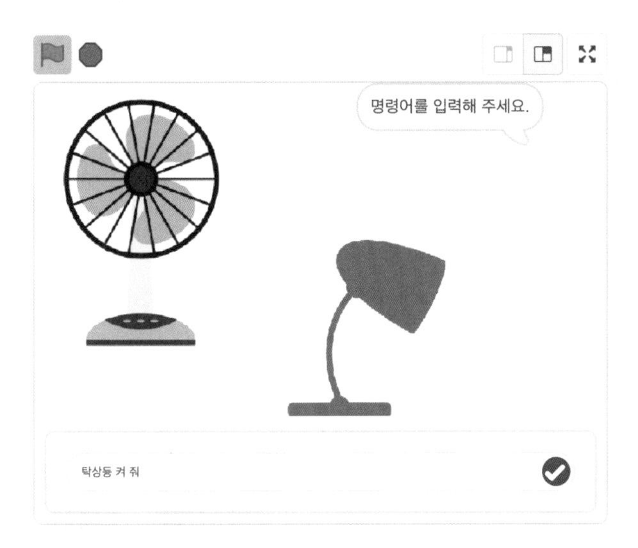

신호를 제대로 받은 프로그램이 정말로 탁상등을 켜는 것을 볼 수 있어요. (마찬가지로 "선풍기 켜 줘"라고 쓰면 선풍기가 켜지지만 그림으로 표현할 수 없어서 첨부하지는 않았어요.) 참고로 안타깝게도 이 교실은 스마트하지 않기 때문에 오타가 하나라도 있으면 작동하지 않는답니다.

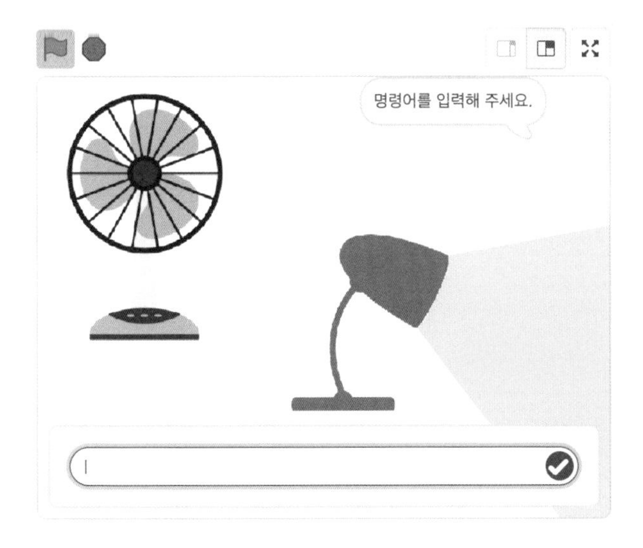

테스트해 보면 알게 되겠지만, 지금의 교실은 '딱 정해져 있는 명령'만 알아듣고 한 글자라도 오타가 생기면 작동하지 않는 일반적인 프로그램이에요. 이제 우리는 인공 지능 컴퓨터를 교육시켜서 스스로 인식해서 행동하도록 만들 거예요.

이제는 인공 지능이 추가된 스마트 교실을 만들어 보겠습니다.

스크래치 프로그램 저장을 확인한 뒤 '프로젝트로 돌아가기'를 누릅니다.

그리고 '훈련' 버튼을 누릅니다.

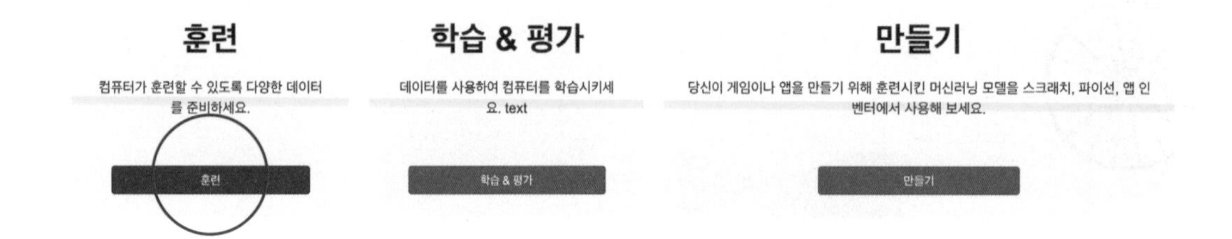

'+새로운 레이블 추가' 버튼을 눌러서 다음과 같이 4개의 레이블을 추가해 주세요.

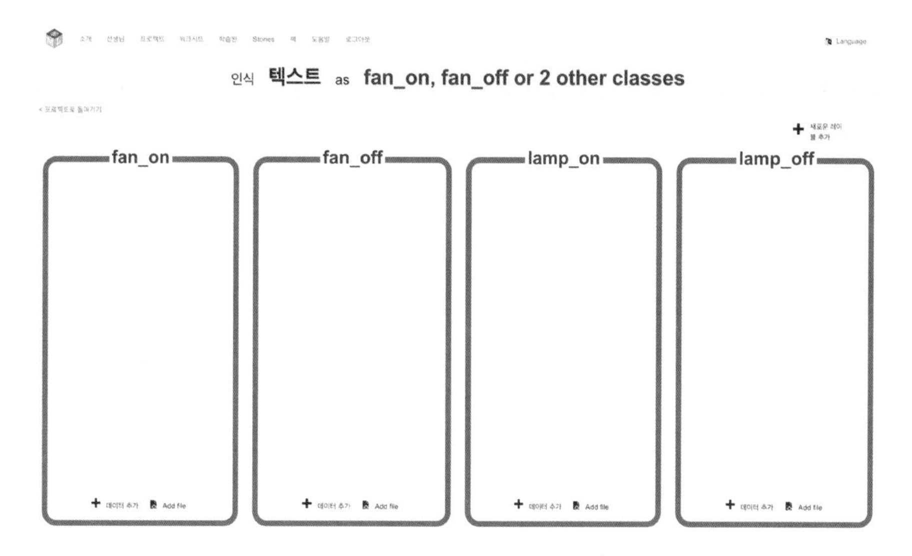

각 레이블마다 '+데이터 추가' 버튼을 눌러서 명령어 샘플을 추가해 주세요. 즉 fan_on 레이블에는 선풍기를 켜는 비슷한 명령어들을 입력하고, fan_off에는 선풍기를 끄는 명령어들을, lamp_on에는 탁상등을 켜는 명령어들, lamp_off에는 탁상등을 끄는 명령어들을 가능하면 많이 적어 넣으세요.

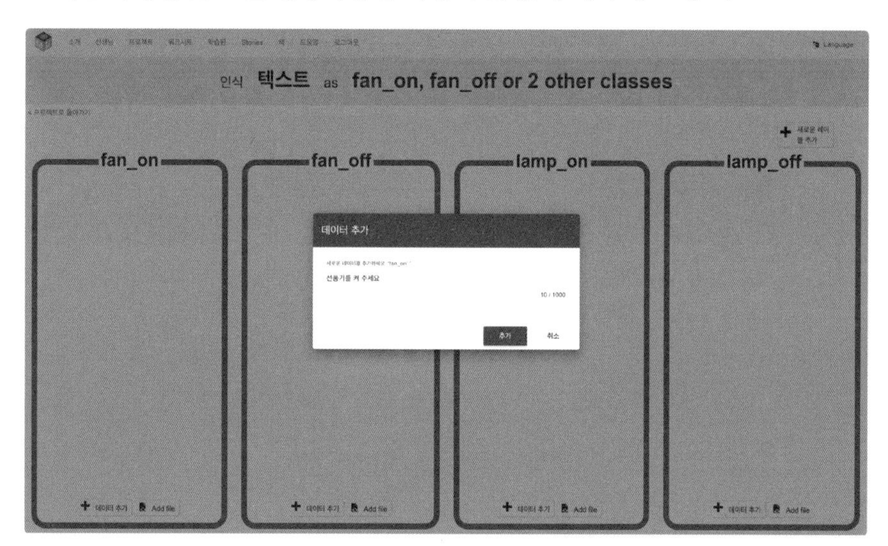

아래 그림은 작성의 예입니다. 많이 적어 넣을수록 인공 지능 컴퓨터가 좀 더 똑똑해집니다. (상상력을 조금 발휘하세요.) 하지만 각 레이블별로 문장의 개수는 반드시 일치해야 해요. 그 이유는 조금 뒤에 알게 됩니다.

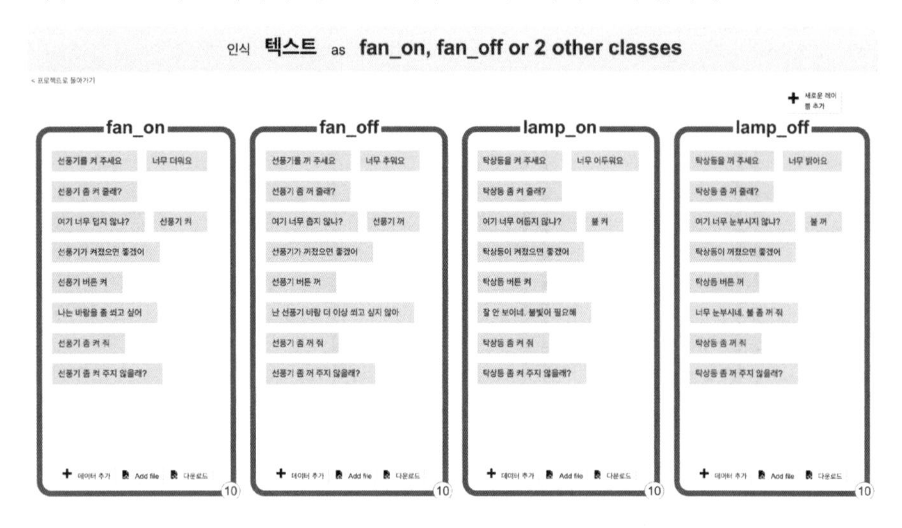

다 완성이 됐으면 '프로젝트로 돌아가기'를 누른 후 '학습 & 평가' 버튼을 누릅니다.

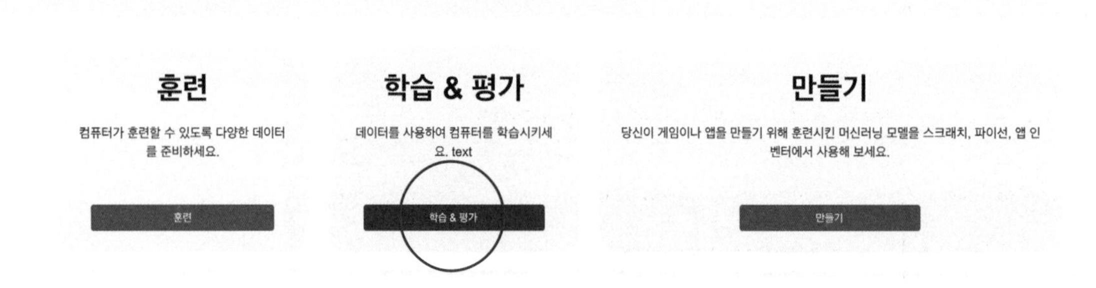

'새로운 머신 러닝 모델을 훈련시켜 보세요.' 버튼을 누르고 모델의 상태가 'Available(이용할 수 있음)'이 될 때까지 기다립니다.

머신 러닝 모델

< 프로젝트로 돌아가기

무엇을 하고 있나요?

다음의 문자를 컴퓨터가 인식하기 위해 여러분은 데이터를 모았습니다. fan_on, fan_off or 2 other classes.

여러분이 수집한 데이터:
- 10 examples of fan_on,
- 10 examples of fan_off,
- 10 examples of lamp_on,
- 10 examples of lamp_off

다음은?

컴퓨터를 학습시킬 준비가 되었나요?

머신러닝 모델 만들기 시작 버튼을 눌러 여러분이 모은 데이터로 모델을 만들어보세요.

(혹은 훈련 페이지로 이동하여 더 많은 데이터를 모아보세요.)

학습이 완료되면 테스트 상자가 나오는데 여기에 명령어를 입력한 뒤 엔터 키를 눌러 시험해 보세요. 단순히 샘플 데이터로 넣어 놓은 명령어뿐만 아니라 그것과 비슷한 명령어도 인공 지능 컴퓨터가 알아들어야 해요. 인공 지능 컴퓨터가 알아듣지 못하는 것 같으면 위로 다시 돌아가서 레이블에 샘플 데이터를 더 추가하고 인공 지능 컴퓨터를 한 번 더 학습을 시켜 보세요.

인공 지능 컴퓨터는 단어의 선택, 문장의 구조와 같은 주어진 샘플 데이터의 패턴을 통해 학습합니다. 그리고 학습된 정보는 나중에 명령어를 해석하는 데 사용하는 것이죠.

< 프로젝트로 돌아가기

무엇을 하고 있나요?

여러분의 머신러닝 모델이 완성되었으며, 다음을 인식할 수 있습니다: fan_on, fan_off or 2 other classes.

여러분이 인공지능 모델을 만든 시각: Wednesday, April 24, 2024 9:27 AM.

여러분은 아래와 같이 데이터를 수집하였습니다:
- 10 examples of fan_on,
- 10 examples of fan_off,
- 10 examples of lamp_on,
- 10 examples of lamp_off

다음은?

아래의 머신러닝 모델을 테스트 해보세요. 훈련에 사용한 예문에 포함시키지 않은 텍스트 예제를 입력하십시오. 이것이 어떻게 인식되는지, 어느 정도 정확한지 알려줍니다.

컴퓨터가 사물을 올바르게 인식하는 법을 배웠다면, 스크래치를 사용해서 컴퓨터가 배운 것을 게임에 사용해봅시다!

컴퓨터가 많은 실수를 한다면 훈련페이지로 가서 더 많은 예제 데이터를 모아봅시다.

일단 완료하면 아래의 버튼을 클릭하여 새로운 머신러닝 모델을 학습하고, 추가한 예제 데이터가 어떤 차이를 만드는지 확인해봅시다!

여러분의 모델이 잘 학습되었는지 확인하기 위해 문자를 넣어보세요.

선풍기 좀 켜 주면 안 되겠니? [테스트]

fan_on(으)로 인식되었습니다.
with 89% confidence

적당한 학습이 된 것 같으면 '프로젝트로 돌아가기'를 누른 후 '만들기' 버튼을 누르고 스크래치 3을 만듭니다.

"smart classroom"

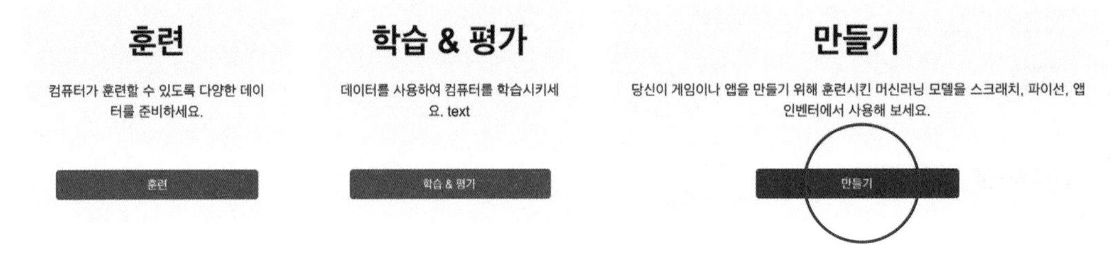

스크래치 3에서 머신러닝 사용하기

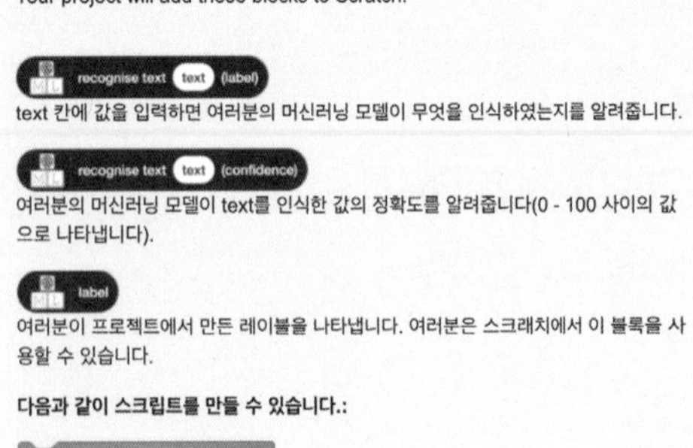

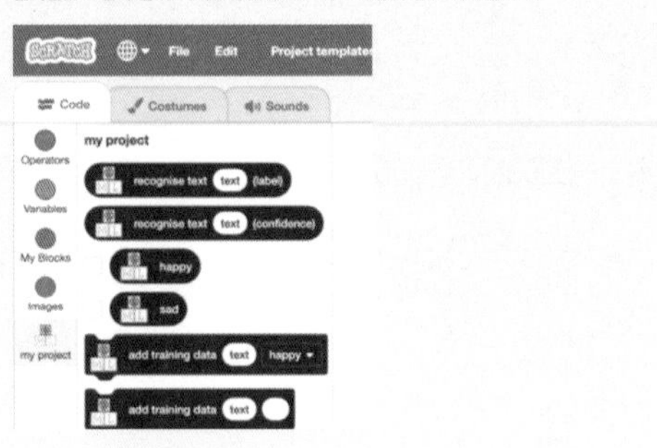

그리고 왼쪽 위에서 '파일', '컴퓨터에서 가져오기' 순서로 눌러서 아까 저장한 스크래치 파일을 불러옵니다. (아까 스크래치 창을 끄지 않았다면 계속해서 그 창을 사용해도 됩니다.)

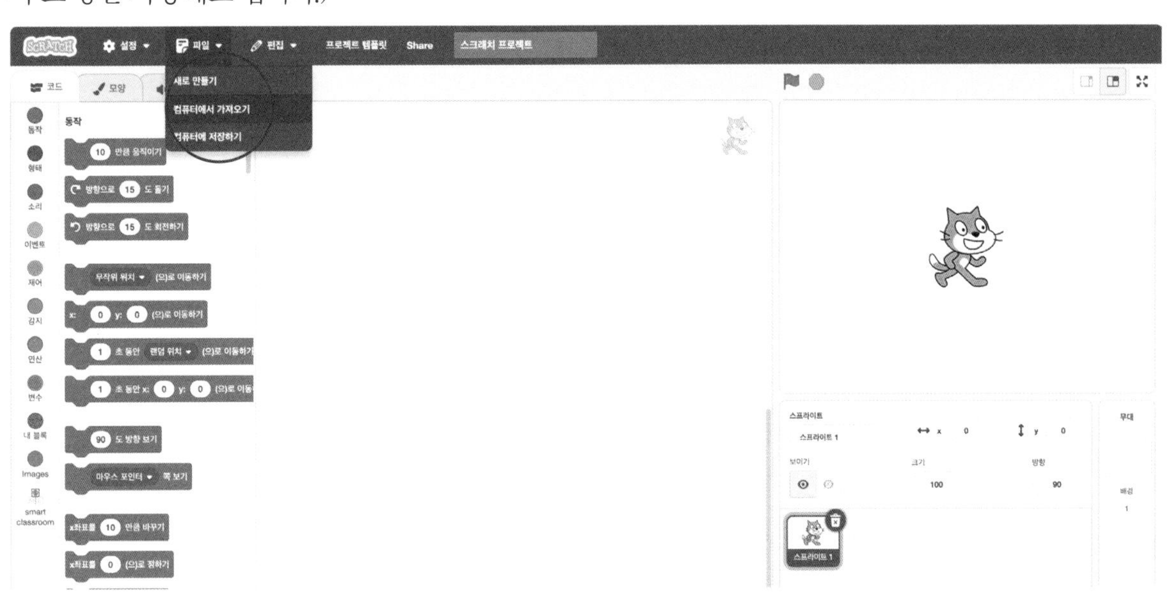

아까 작성해 두었던 코드 블록을 수정을 통해 스마트 교실로 만들어 주세요.

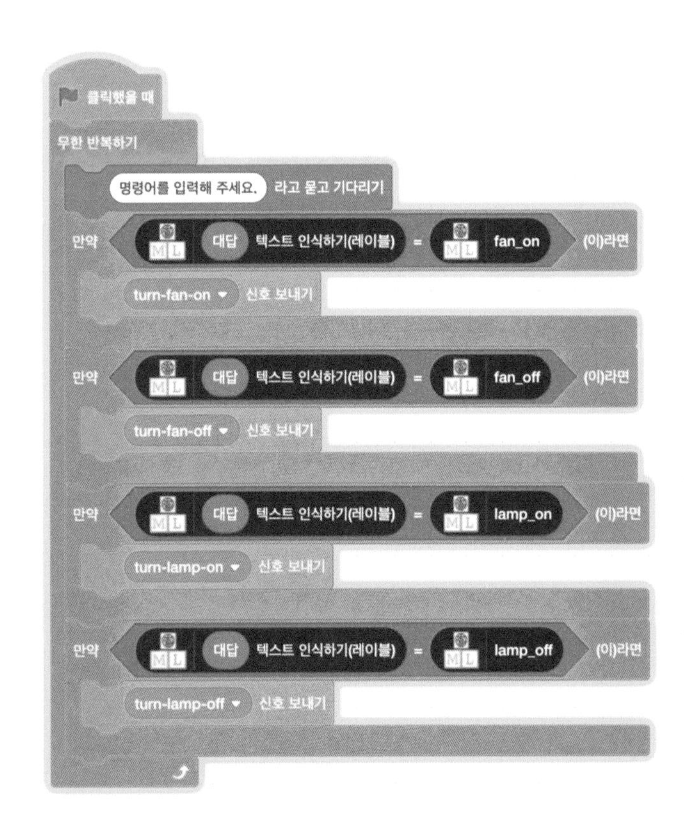

(블록 코드 설명: 우리의 명령어를 우리가 학습시킨 인공 지능 컴퓨터에게 맡기도록 하는 코드 블록이에요. '텍스트 인식하기(레이블)' 블록은 프로젝트에 의해 추가된 새로운 블록입니다.)

명령어를 제공하면 인공 지능 컴퓨터에 대한 학습에 따라 네 가지 명령(선풍기 켜기/끄기, 탁상등 켜기/끄기) 중 하나에 대한 레이블이 반환되는 거예요. 그리고 그 레이블에 따라 프로그램에 해당 신호를 보내 선풍기를 켜고 끄거나 탁상등을 켜고 끄게 되는 것입니다.

초록색 깃발을 눌러서 테스트해 보세요.

명령어를 입력하고 엔터 키를 눌러 보세요. 선풍기 또는 탁상등이 명령어에 반응해야 합니다.

아까 샘플 데이터에 포함시키지 않은 명령어도 이 기능이 작동하는지 테스트해 보세요.

아래의 그림은 샘플 데이터와 약간 다른 명령어도 잘 알아듣고 탁상등을 켜는 인공 지능 컴퓨터의 모습을 볼 수 있어요.

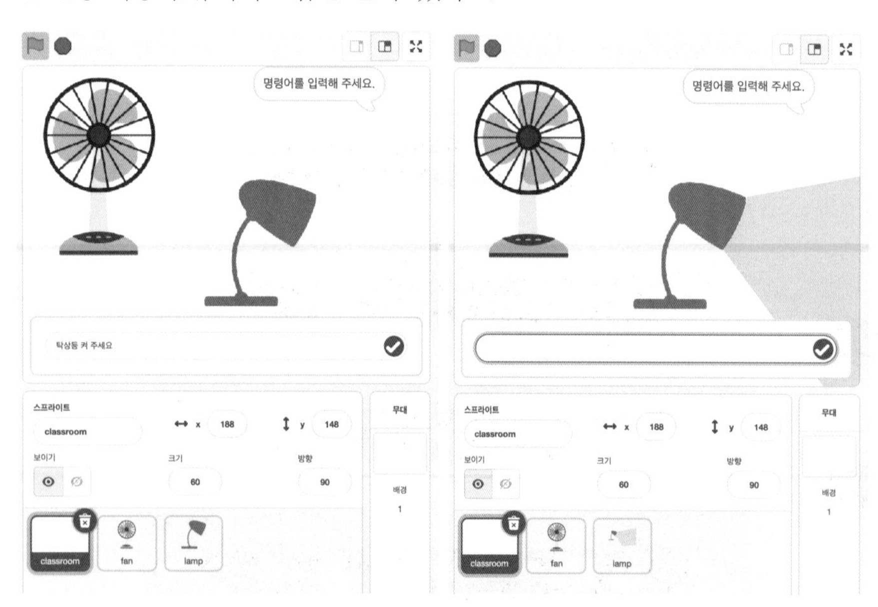

잘 되는 것을 확인한 후 왼쪽 위에서 '파일', '컴퓨터에서 가져오기' 순서로 눌러서 프로젝트를 저장해 주세요.

단순히 정해진 명령어만 알아듣는 교실에서 인공 지능 컴퓨터를 학습시켜서 비슷한 명령어를 알아들을 수 있게 스마트 교실을 만들었어요.

비슷한 명령어를 인식할 수 있도록 컴퓨터를 학습시키는 것은 가능한 모든 명령 목록을 일일이 작성하는 것보다 훨씬 빠르답니다.

하지만 더 많은 샘플 데이터를 제공할수록 규칙을 올바르게 인식하는 것이 더 중요하겠죠?

스크래치 창에서 프로젝트 창으로 돌아온 다음 '프로젝트로 돌아가기' 버튼을 눌러 '학습 & 평가' 버튼을 누릅니다. 그다음 '여러분의 모델이 잘 학습되었는지 확인하기 위해 문자를 넣어 보세요.'라는 글 상자에 선풍기나 탁상등과 관련 없는 것을 입력해 보세요. 아래 그림은 "치즈를 만들어 줄래?"라고 넣어 보았습니다.

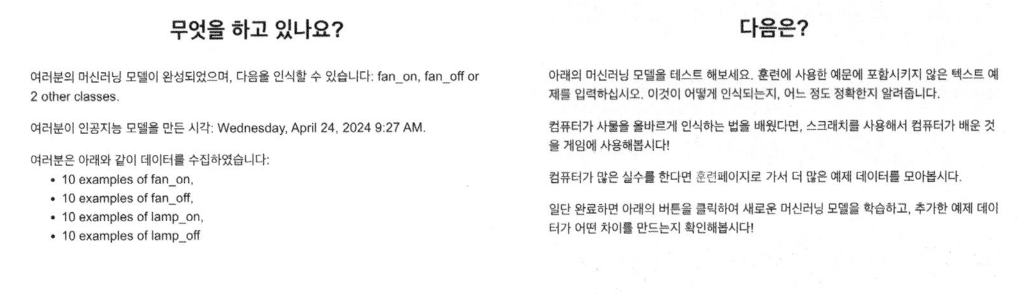

무엇을 하고 있나요?

여러분의 머신러닝 모델이 완성되었으며, 다음을 인식할 수 있습니다: fan_on, fan_off or 2 other classes.

여러분이 인공지능 모델을 만든 시각: Wednesday, April 24, 2024 9:27 AM.

여러분은 아래와 같이 데이터를 수집하였습니다:

- 10 examples of fan_on,
- 10 examples of fan_off,
- 10 examples of lamp_on,
- 10 examples of lamp_off

다음은?

아래의 머신러닝 모델을 테스트 해보세요. 훈련에 사용한 예문에 포함시키지 않은 텍스트 예제를 입력하십시오. 이것이 어떻게 인식되는지, 어느 정도 정확한지 알려줍니다.

컴퓨터가 사물을 올바르게 인식하는 법을 배웠다면, 스크래치를 사용해서 컴퓨터가 배운 것을 게임에 사용해봅시다!

컴퓨터가 많은 실수를 한다면 훈련페이지로 가서 더 많은 예제 데이터를 모아봅시다.

일단 완료하면 아래의 버튼을 클릭하여 새로운 머신러닝 모델을 학습하고, 추가한 예제 데이터가 어떤 차이를 만드는지 확인해봅시다!

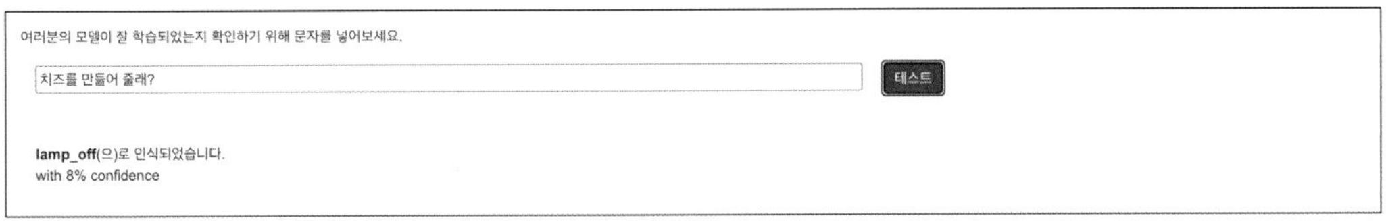

여러분의 모델이 잘 학습되었는지 확인하기 위해 문자를 넣어보세요.

치즈를 만들어 줄래? 테스트

lamp_off(으)로 인식되었습니다.
with 8% confidence

이상하게도 전혀 탁상등과 상관없음에도 lamp_off 레이블로 인식이 됩니다. 이때 confidence(신뢰 점수)가 8퍼센트로 나오는 것을 볼 수 있어요. 이것은 인공 지능 컴퓨터가 명령어를 제대로 이해하지는 못하지만 그나마 비슷한 명령어로 lamp_off를 고른 게 된 거예요. (샘플 데이터를 한 레이블에만 많이 넣어 주게 되면 이런 문제가 더 많이 나타나요.) 이는 정확한 판별이 아니기 때문에 신뢰 점수가 낮은 판단은 하지 않도록 프로그램을 고쳐 주는 것이 필요해 보이네요.

스크래치 창으로 돌아옵니다. (만약 스크래치 창을 닫았다면 저장해 둔 스크래치 프로젝트를 다시 불러오면 됩니다.)

그리고 오른쪽 하단 쪽의 'classroom' 스프라이트를 누른 후 코드 블록을 다음과 같이 수정합니다.

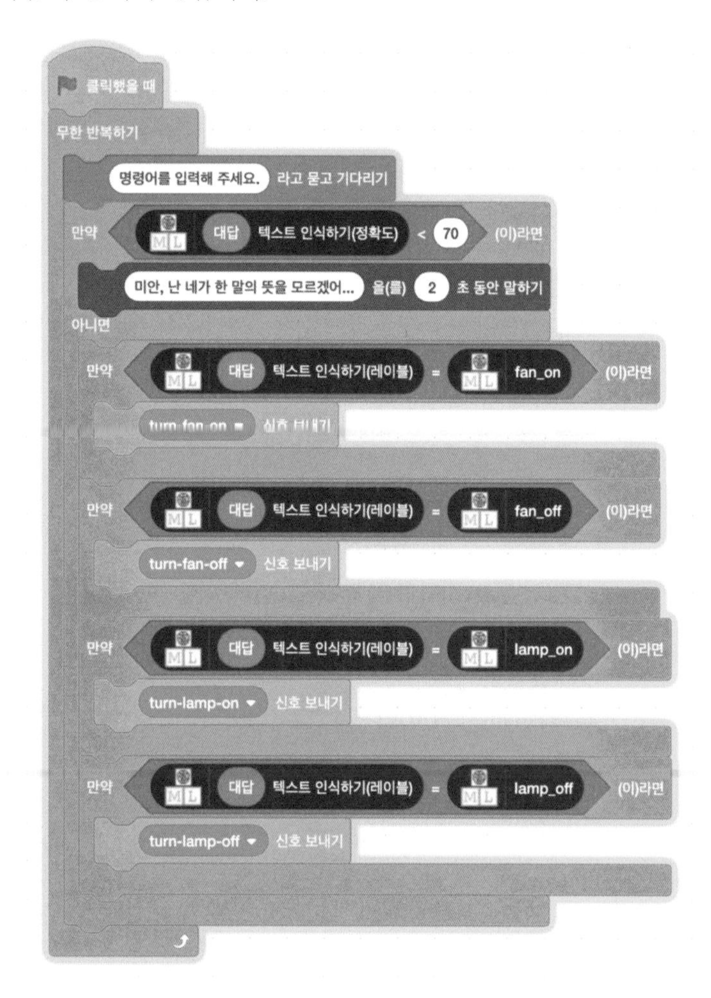

(코드 설명: 인공 지능 컴퓨터가 명령어를 해석하는 데 정확도가 70퍼센트 미만이면 "미안, 난 네가 한 말의 뜻을 모르겠어…"를 2초 동안 말한 다음 끝내고, 그 이상일 경우 원래대로 프로그램이 돌아갑니다.)

자! 이제 초록색 깃발을 눌러서 테스트해 보세요.

엉뚱한 명령어를 입력하면 "미안, 난 네가 한 말의 뜻을 모르겠어…" 하고 끝나지만 적절한 명령어를 입력하면 그대로 작동하는 스마트 교실이 완성된 것을 볼 수 있습니다.

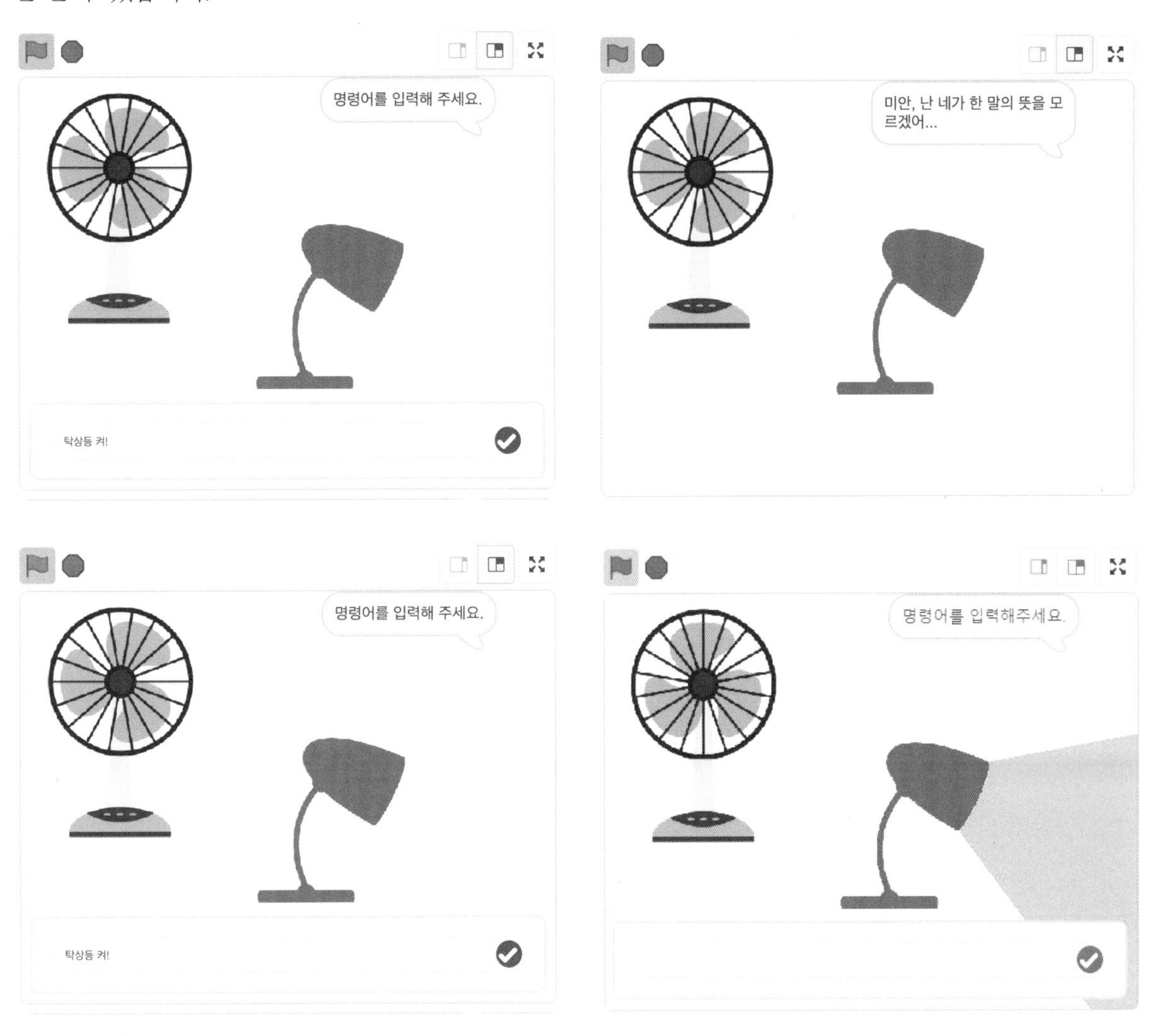

③ 정리하고 생각하기.

우리는 이제 정해진 명령어로만 작동하는 게 아닌, 우리의 말을 알아듣고 해석해서 해당 명령을 실행하는 스마트한 교실 환경을 만들었어요! 우리가 학습시킨 인공 지능 컴퓨터는 단어의 선택, 문장의 구조와 같은 주어진 샘플 데이터의 패턴을 통해 학습합니다. 그리고 나중에 명령어를 해석하는 데 사용되는 것이죠. 물론 정확도로 판별하여 모르는 명령어면 거절하게 할 수도 있어요.

위에서 정확도가 70퍼센트 미만일 때는 "미안, 난 네가 한 말의 뜻을 모르겠어…"라고 말하게 했는데, 이것이 우리가 원하는 올바른 정확도 값일까요? 인공 지능 컴퓨터가 정확한 판단을 내릴 수 있게 정확도 값을 잘 맞혀 보세요. 너무 높게 설정하면 계속 "미안, 난 네가 한 말의 뜻을 모르겠어…" 이 말만 할 것이고 너무 낮게 설정하게 되면 "치즈를 만들어 줘."라고 해도 선풍기가 켜지겠죠?

이러한 글자 인식 인공 지능은 소리 인식과 무궁무진한 스마트 서비스를 만들어 낸답니다. 요즘 광고에서 음성으로 제어하는 가전 제품들을 보셨나요? 사용자는 일일이 동작 방법을 알 필요가 없어요. 그냥 "어휴 너무 더워." 이 한마디만 해도 알아서 에어컨은 냉방을 작동시키고 "공기가 너무 탁해."라고 하면 알아서 공기 청정기를 작동시켜서 실내 공기를 쾌적하게 만들어 줘요. 앞으로는 대부분의 가전 제품은 사용 설명서가 필요 없게 되지 않을까요? 왜냐하면 인공 지능 컴퓨터가 사람의 말을 알아들으니까요.

5부

나는 가상 현실 전문가입니다

1 내 친구는 어디에?

1. 또 다른, 색다른 나의 친구

박사님 인공 지능과 대화해 본 적이 있나요? **인공 지능 스피커, 내비게이션(navigation)**, 핸드폰으로 질문하면 답하는 인공 지능 등 다양한 인공 지능 기술이 있습니다.

승현 아빠 차에 내비게이션이 있어요. 내비게이션은 길을 가르쳐 줘요.

소연 엄마가 핸드폰에 "외할머니 집."이라고 말하면 외할머니 집으로 가는 길을 알려줘요. 아빠가 그러는데 가장 빨리 가는 길을 알려주는 거래요.

박사님 우리는 이미 가상의 친구와 대화를 하고 있습니다. 키보드를 누르고 마우스를 움직이는 것보다 말로 질문을 하고 대화하는 것이 더 간편합니다. 집 안에 있는 물건을 켜고 끄는 것도 가능합니다. 거실 불을 끄라고 하거나 전자레인지를 켜라고 할 수도 있습니다.

박사님 인공 지능 스피커가 항상 켜져 있다면 갑자기 궁금한 것을 물어보거

나 음악을 틀어 달라고 부탁할 수도 있습니다. 우리는 같은 사실을 말할 때에도 여러 가지로 표현할 수 있습니다. 예를 들어 음악을 듣고 싶어서 인공 지능 스피커에 말을 걸 때 "음악을 틀어 줘.", "오늘은 음악을 듣고 싶어.", "음악을 틀어 주겠니?"라고 말할 수 있습니다. 인공 지능 스피커가 많은 질문, 명령, 대화를 경험해서 데이터를 모으게 되면 시간이 지날수록 문장을 잘 이해하게 됩니다. 하지만 조심해야 할 것도 있습니다. 엄마에게 말했는데 엉뚱하게 인공 지능 스피커가 대답하는 경우도 있습니다. 때로는 명령하지 않은 일을 잘못 이해할 수도 있습니다. 그리고 인공 지능 스피커가 항상 켜져 있으면 여러분의 비밀을 알게 될 수도 있습니다.

2. 인공 지능과 술래잡기

박사님 세민이가 놀이터에서 혼자 놀고 있는데 거실에 있던 꽃병이 깨졌습니다. 엄마가 승현이를 범인으로 의심하고 있는데 아무도 승현이가 놀이터에 있었는지 모른다면 승현이는 어떻게 해야 할까요?

승현 많이 억울할 것 같아요. 아! 놀이터에 **CCTV(closed-circuit television, 폐쇄 회로 텔레비전)**가 있어요. 우리 집 거실에서도 놀이터를 볼 수 있어요.

박사님 다행입니다. CCTV를 확인한 결과 꽃병을 깨뜨린 범인은 강아지 밍키로 밝혀졌습니다. 이렇게 증거가 필요한 상황에서 CCTV가 사용되기도 합니다. 단, 원래 있던 화면이 다르게 만들어지지 않는다면 말입니다.

승현 화면을 다시 만들 수도 있어요?

박사님 예전에는 사진과 카메라는 사람의 기억력보다 더 정확하고 믿을 수 있는 것이라고 생각했어요. 하지만 지금은 사진 영상도 얼마든지 만들어 내거나 바꿀 수 있습니다. 아주 잘 만들어진 가짜 영상은 가짜인지 진짜인지 확인하기 어렵지요. 이런 가짜 영상이 만들어진다면 어떤 일이 벌어질까요?

소면 도둑들이 CCTV를 가짜로 다시 만들거나 한다면 도둑을 잡을 수 없을 거예요.

승현 CCTV에 있는 얼굴을 다른 사람의 얼굴로 바꾸어 버린다면 다른 사람이 범인으로 의심받을 수도 있을 거예요.

박사님 그렇군요. 가짜로 만든 영상 때문에 엉뚱한 사람이 범인으로 의심 받을 수도 있겠어요. 그리고 인공 지능 기술을 이용하면, 가짜 연설 장면도 만들 수 있고, 옛날에 살던 사람의 모습과도 대화할 수 있습니다.

(다음 유튜브 영상을 한번 보세요. https://youtu.be/o2DDU4g0PRo.)

승현 어떻게 옛날에 살던 사람과 대화를 할 수 있어요?

박사님 지금은 살아 있지 않지만 예전에 살아 있던 사람의 다양한 모습을 담은 동영상, 사진 등을 가지고 움직이는 영상을 만들 수 있습니다. 말하는 사람의 입 모양과 눈을 깜빡거리는 모습, 머리를 이리저리 움직이는 모습을 참고해서 새로운 영상을 만듭니다.

소연 새롭게 만들어진 예전 사람에게 질문을 하면 대답을 할 수 있나요?

박사님 인공 지능과 연결하면 예전에 살았던 그 사람의 모습으로 대답을 할 수도 있습니다.

소연 예전에 살았던 사람의 얼굴로 대화한다면 기분이 이상할 것 같아요.

박사님 그렇겠네요. 이렇게 손쉽게 가짜 영상이 만들어져서 잘못 사용된다면 문제가 많겠지요. 그래서 이번에는 이러한 가짜 영상을 만들어 내는 인공 지능을 반대로 사용하여 가짜 영상을 구별하는 기술을 만들었습니다. 만드는 방법을 알면 반대로 가짜를 가려낼 수도 있습니다. 마치 창과 방패의 싸움 같습니다.

사고력과 창의력 키우기

동영상이 가짜인지 진짜인지 알아내기 위한 기술이 발전하고 있습니다. 그 중에는 동영상에 등장하는 인물의 맥박을 확인해서 인물이 가짜인지 진짜인지 구별하는 기술도 있습니다. 살아 있는 사람과 인공 지능으로 만들어진 사람의 차이는 무엇일까요? 살아 있는 사람은 숨을 쉬고 피가 흐르고 있지요. 심장에서 피가 나오고 들어갈 때마다 동맥에서 파동이 일어납니다. 그래서 실재 살아 있는 사람의 영상에서 얼굴의 색 변화를 강화해 보면 맥박에 따라 얼굴색이 변화하는 것을 알 수 있다고 합니다. 인공 지능으로 만들어져서 맥박이 없는 사람의 이미지는 이런 얼굴색의 변화를 찾아볼 수 없겠지요.

다양한 기술이 가짜 영상을 밝혀내기 위해 개발되지만 가짜 영상도 그에 맞서 발전하고 있습니다. 팽팽한 싸움이 지속되고 있습니다. 하지만 가짜와 진짜를 구별하는 것은 결국 인간의 의지에 달려 있습니다. 또 어떤 새로운 방법으로 가짜 영상과 진짜 영상을 구별할 수 있는지 생각해 봅시다.

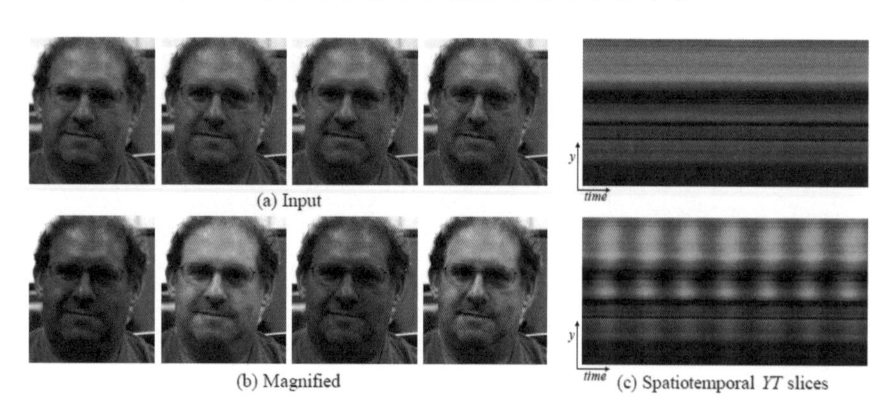

사고력과 창의력 키우기

나이가 들었거나 세상을 떠난 영화 배우가 새롭게 만드는 영화에 젊은 모습으로 등장하여 연기하는 모습을 본 적이 있나요? 그렇다면 이 배우가 연기를 하는 것일까요? 인공 지능이 연기를 하고 있는 것일까요?

■ 활동 1 얼굴 인식기 만들기

인공 지능으로 나의 얼굴을 바꿀 수도 있고, 재미있게 만들 수도 있습니다. 애니메이션이나 만화에 나오는 캐릭터처럼 눈은 커다랗고, 코는 빨간 앵두처럼 만들 수도 있어요. 인공 지능이 딥 러닝으로 배운 사람 얼굴의 특징을 이용하는 것입니다. 사람 얼굴의 특징이 되는 것은 무엇일까요? 눈과 눈썹 각각 둘, 입과 코 각각 하나를 인공 지능 컴퓨터가 인식하고 추적하는 능력을 얼굴 인식이라고 합니다.

① 준비: 여러분의 얼굴을 인식할 웹캠이 장착된 컴퓨터나 노트북이 필요합니다. 그리고 여러분의 얼굴에서 눈과 코를 재미있게 바꿔 줄 그림도 필요합니다.

② 미리 훈련된 인공 지능 컴퓨터를 사용할 거예요. 이 인공 지능 컴퓨터는 사람 얼굴 사진을 샘플 데이터로 하여 훈련했기 때문에 사람 얼굴을 인식할 수 있어요. https://machinelearningforkids.co.uk/pretrained/ 로 접속합니다. 그리고 '시작해 봅시다'를 클릭해 주세요.

Pre-trained models

Machine Learning for Kids provides pre-trained models you can use in your projects. Real-world machine learning projects often use models already trained by other people. There are lots of well-trained models that are freely available, and these are useful when you don't have time to collect the amount of training data needed to train your own.

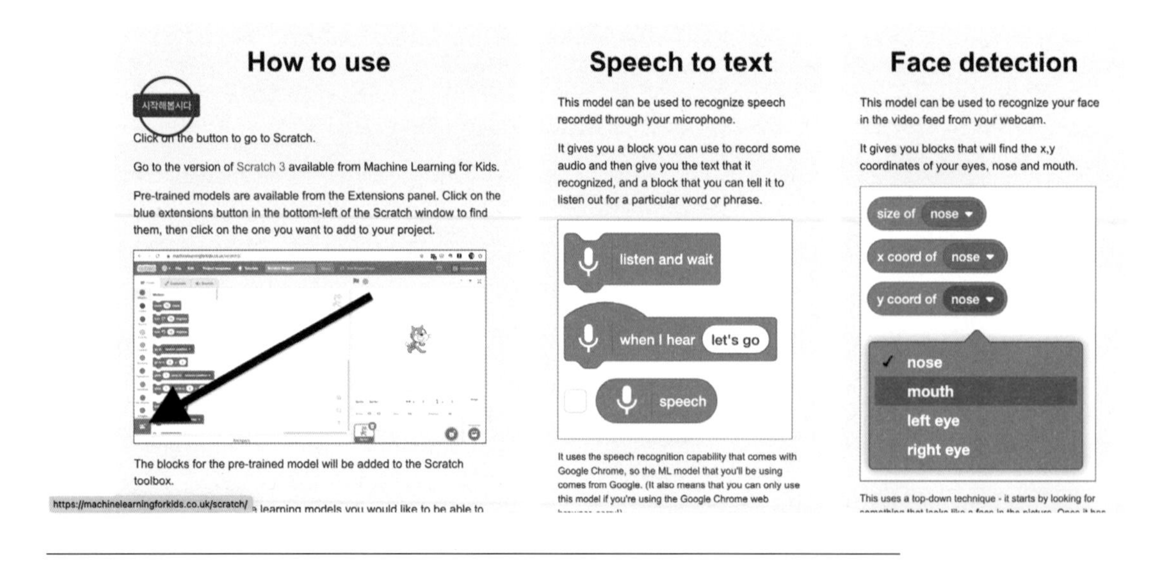

왼쪽 아래에 있는 확장 버튼을 눌러 주세요.

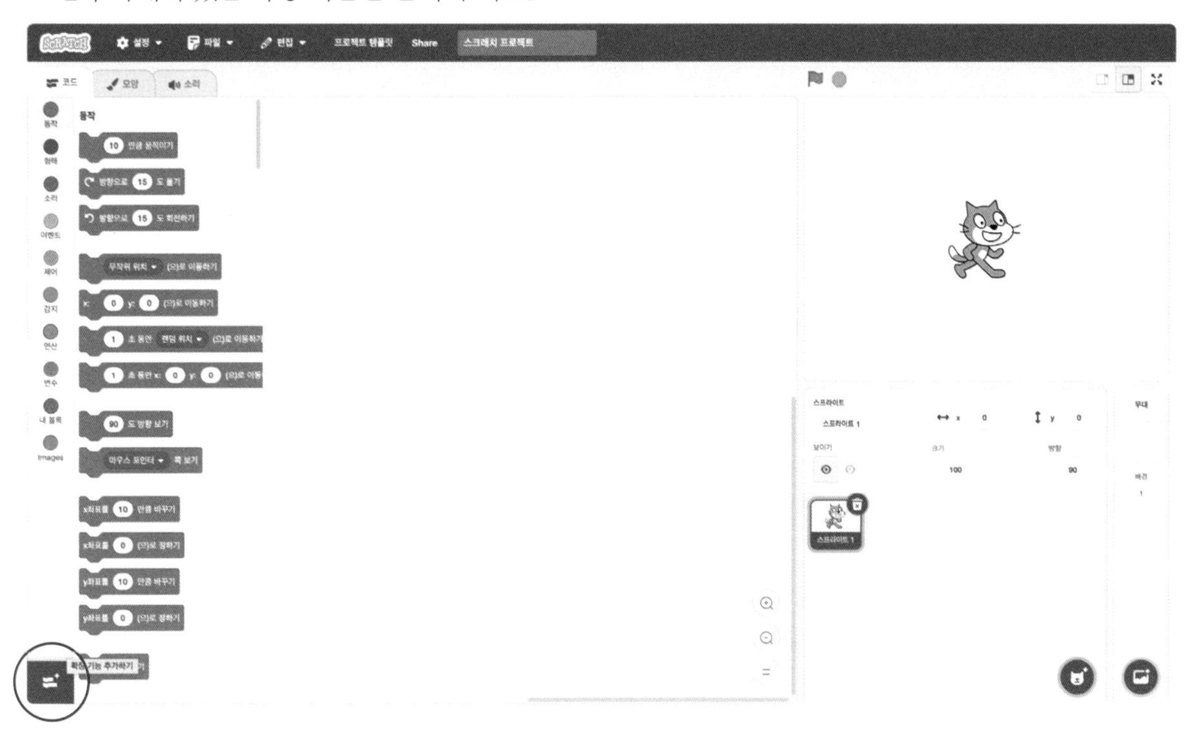

'비디오 감지'를 선택해 주세요. 그리고 마찬가지로 다시 왼쪽 아래의 확장 버튼을 눌러서 'Face detection(얼굴 인식)'도 선택해 주세요.

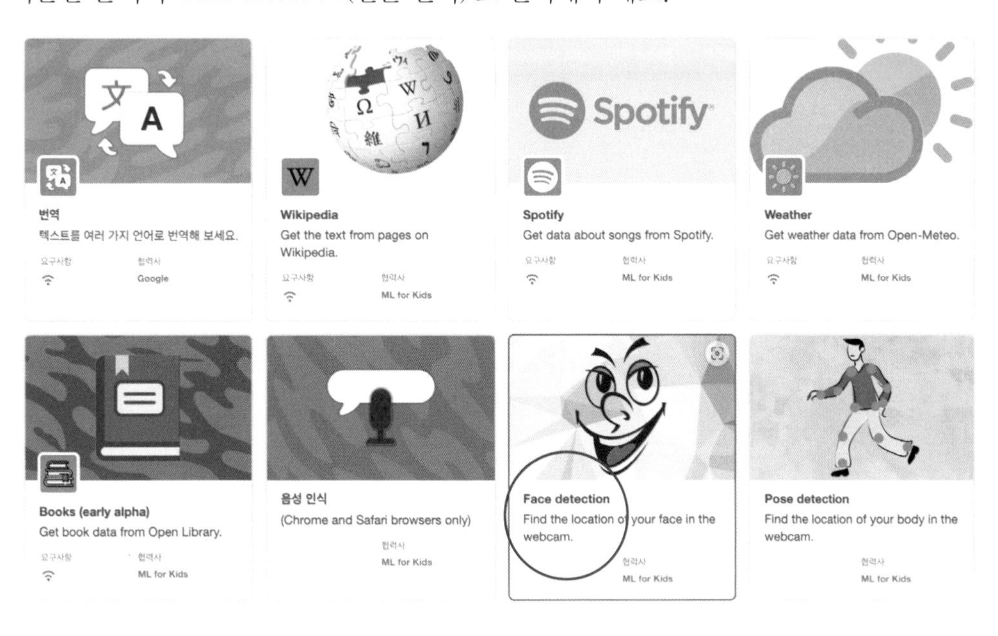

오른쪽 아래의 고양이 스프라이트를 삭제합니다.

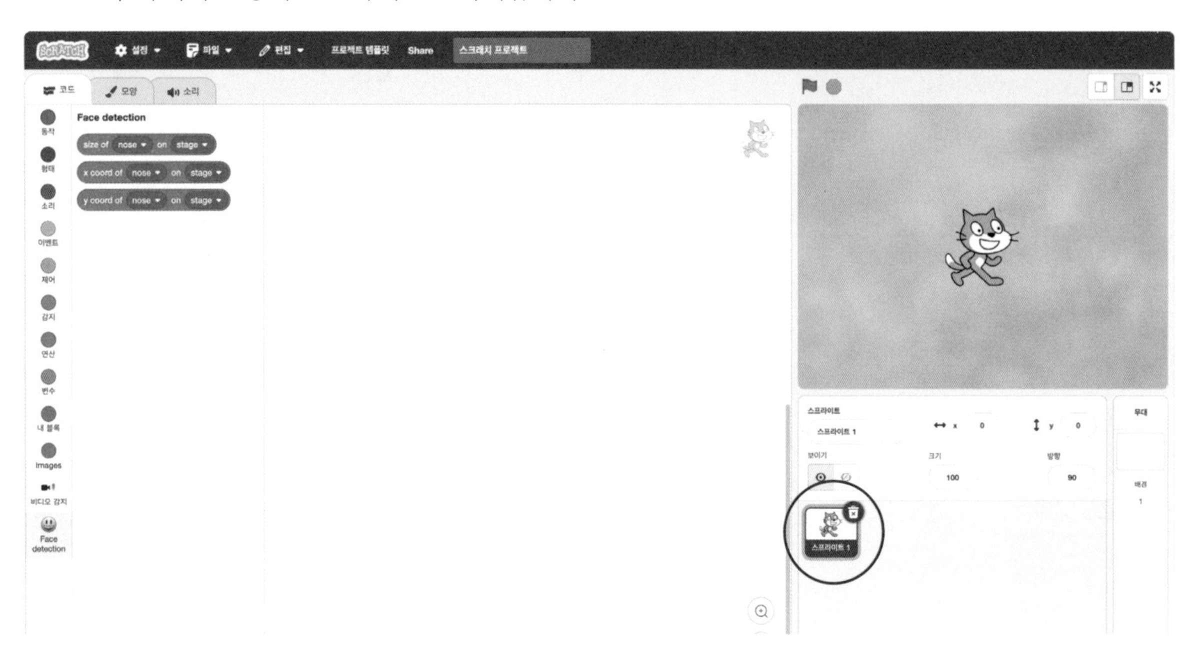

마찬가지로 왼쪽 아래의 고양이 모양의 아이콘을 선택한 다음 '그리기'를 클릭합니다.

모양 탭으로 바뀌고 그리기 도구가 나오면 간단하게 눈을 그려 주세요. (붓으로 자유롭게 그리거나 원 도구를 선택해서 원 2개를 그리면 간단하게 눈이 완성됩니다.)

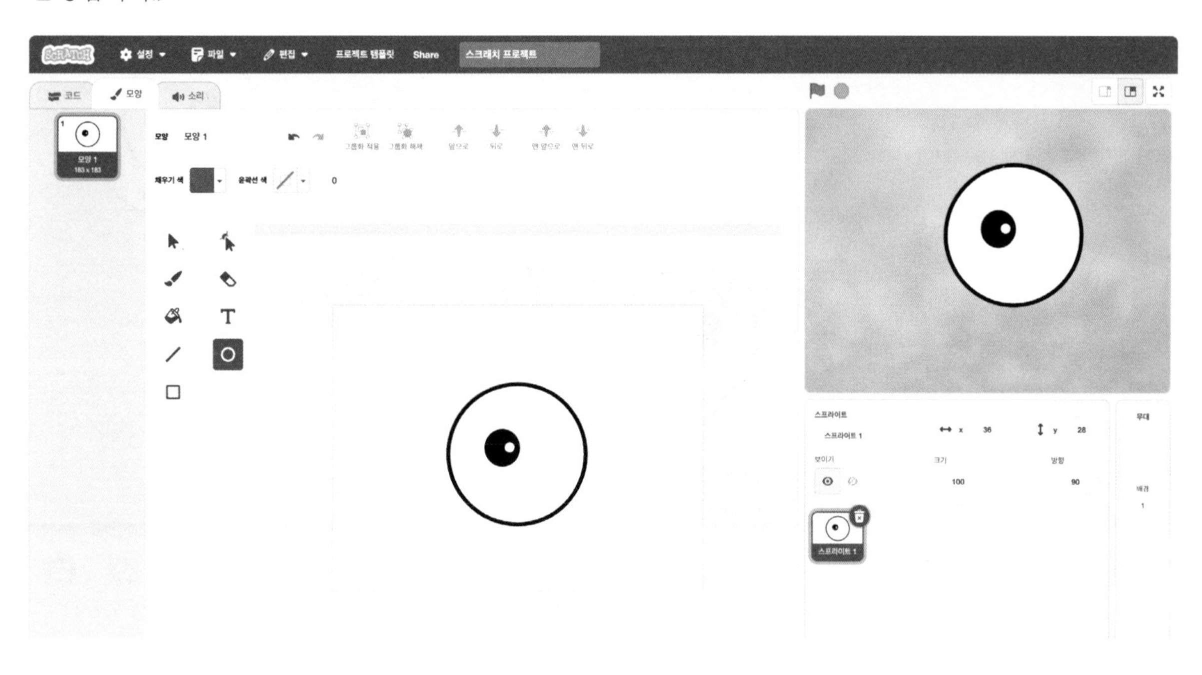

오른쪽 위의 만들어진 스프라이트 아이콘에 마우스 오른쪽 버튼을 클릭하여 '복사'를 선택해서 방금 만든 스프라이트를 복사합니다.

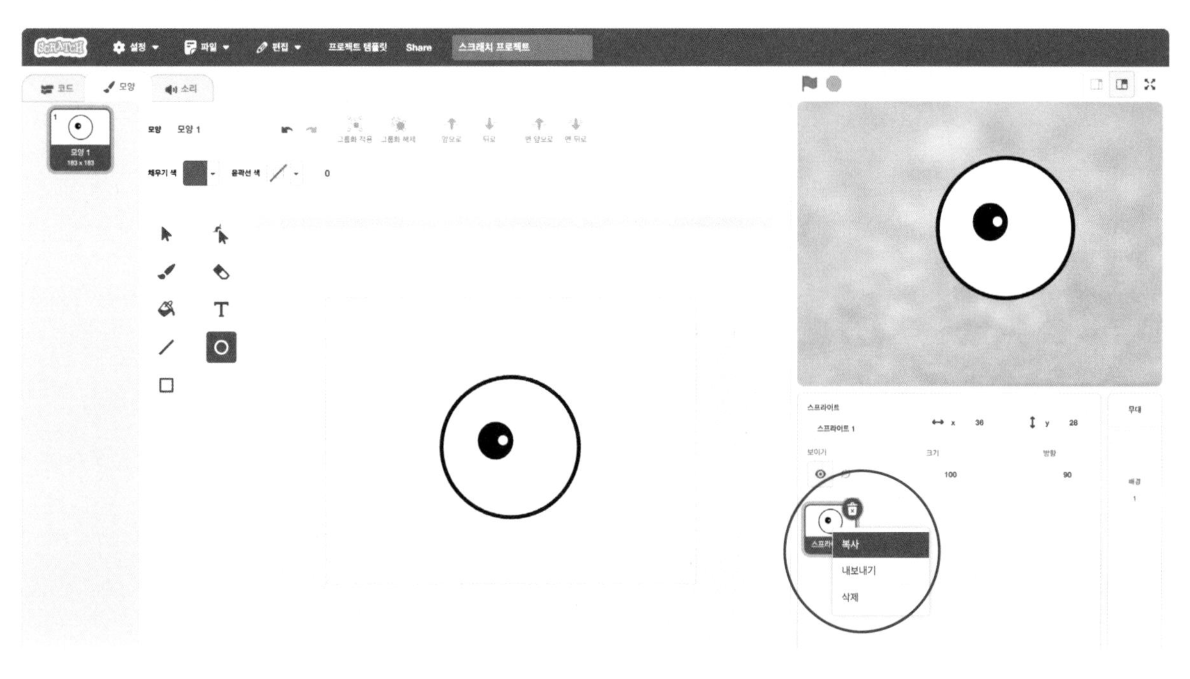

스프라이트 2개의 이름을 각각 '오른쪽 눈', '왼쪽 눈'으로 바꿔 줍니다.

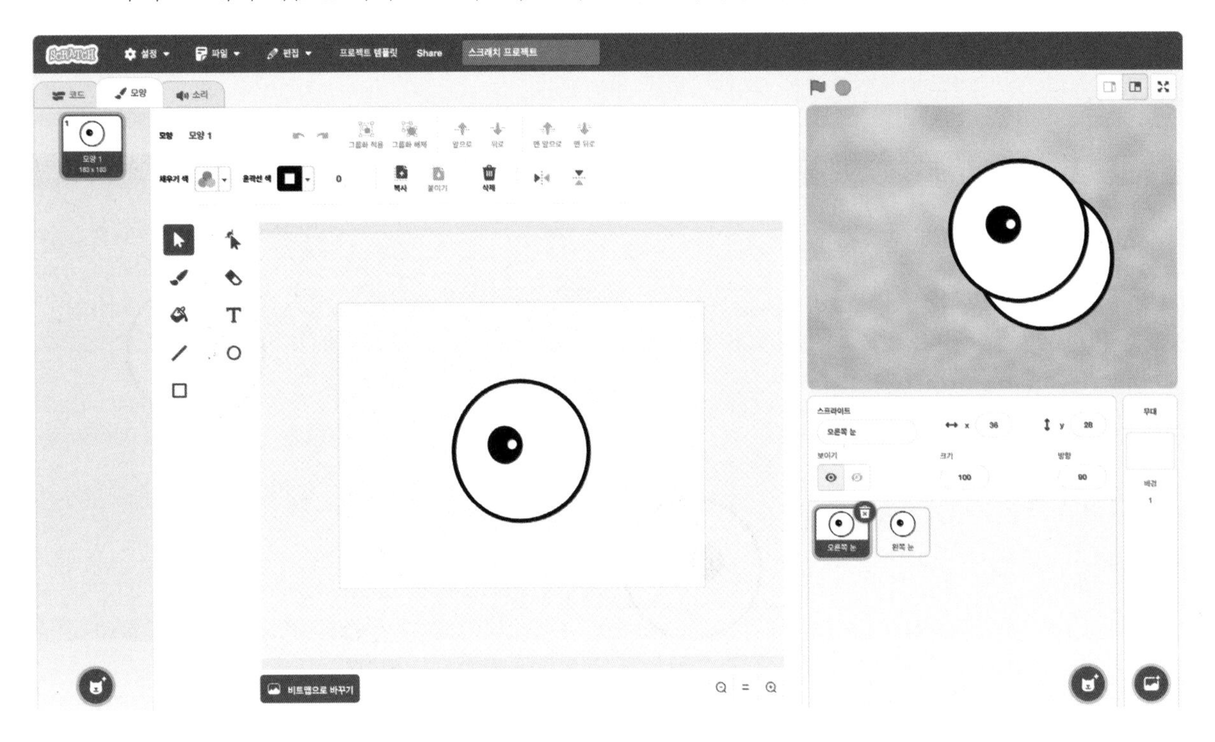

그리고 다시 한번 그리기 버튼을 클릭해서 이번에는 코를 그린 다음 스프라이트 이름을 '코'로 지어 줍니다.

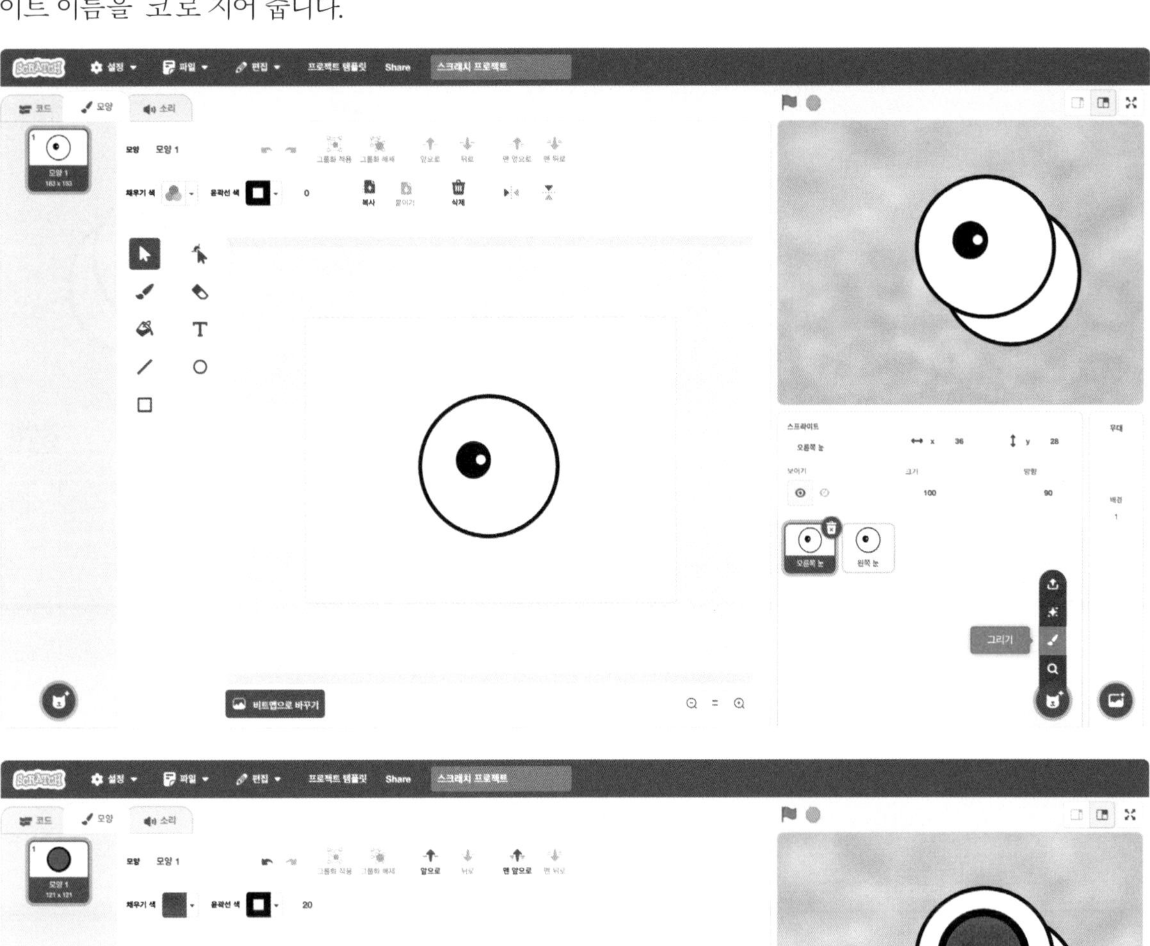

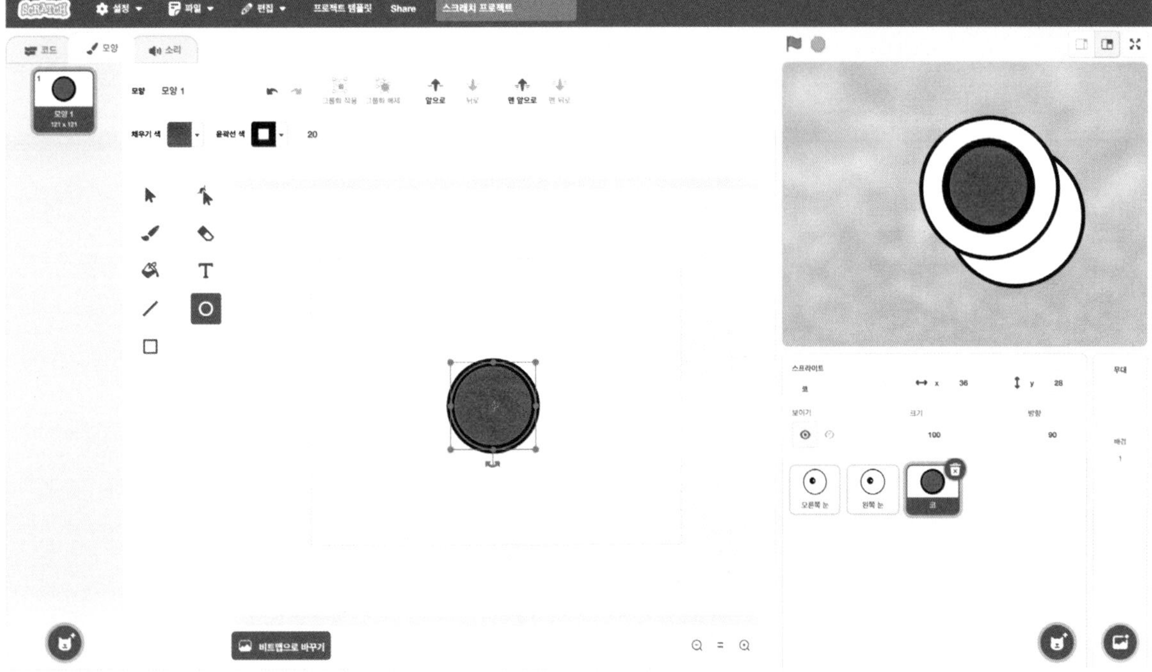

왼쪽 위의 '코드' 탭을 누르고 오른쪽 아래에서 '무대', '배경1' 순서로 선택합니다.

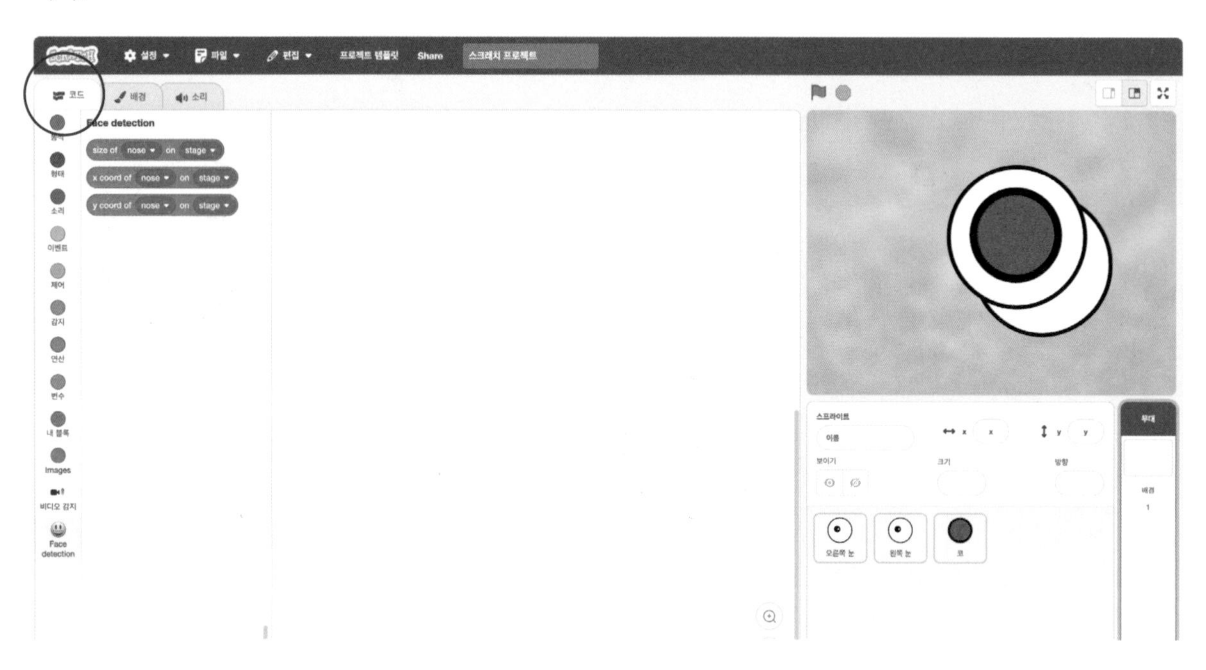

그리고 간단하게 아래의 코드 블록을 만듭니다. 초록색 깃발을 누르면 웹캠을 켜는 코드입니다.

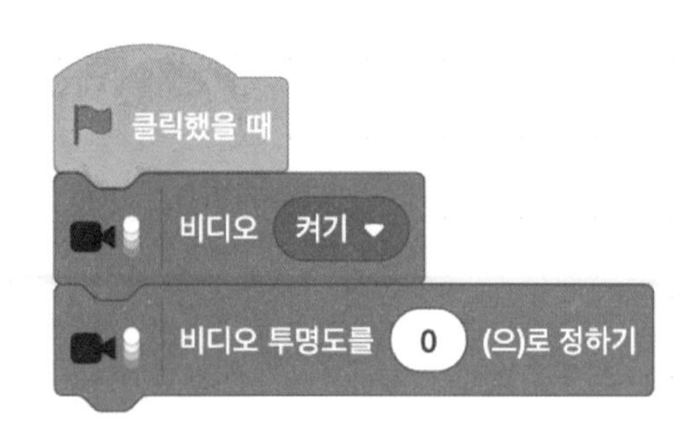

그리고 다시 '오른쪽 눈', '왼쪽 눈', '코'를 선택해서 아래와 같이 크기를 각각 조절해 줍니다. (적당히 웹캠 상에서 얼굴의 눈, 코를 덮을 정도의 크기로 수정해 주세요.)

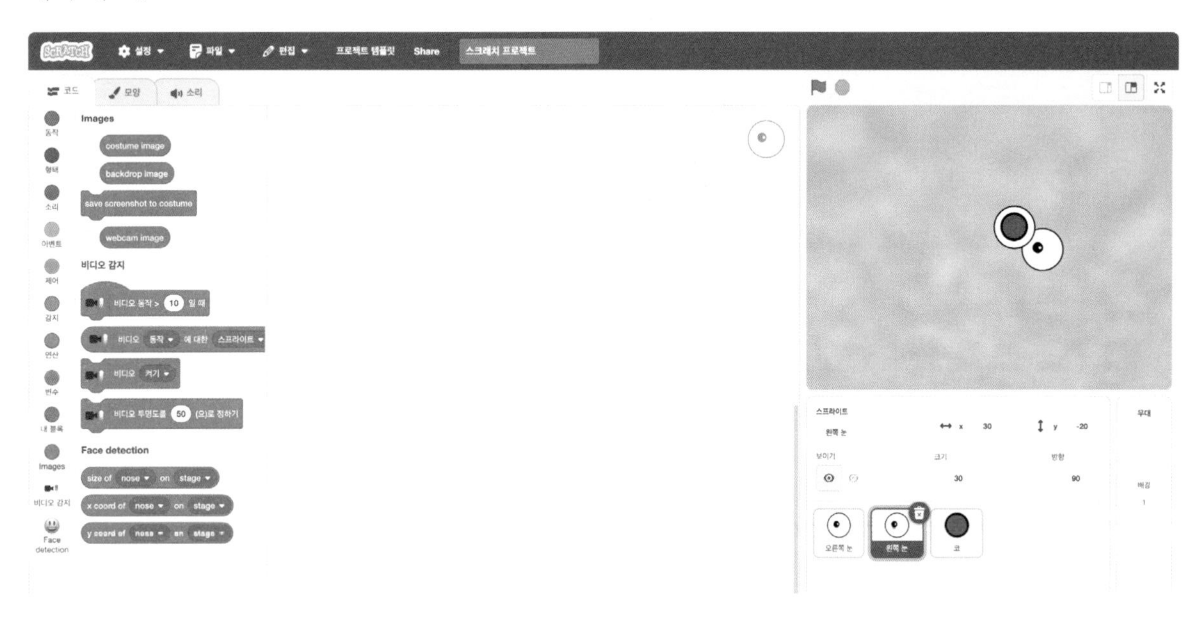

그리고 각각의 스프라이트를 클릭하고 다음 그림과 같이 코드 블록을 추가합니다. 그런 다음 '왼쪽 눈' 스프라이트를 클릭하고 다음 그림과 같이 코드 블록을 추가합니다.

```
클릭했을 때
무한 반복하기
    x좌표를 x coord of left eye ▾ on stage ▾ (으)로 정하기
    y좌표를 y coord of left eye ▾ on stage ▾ (으)로 정하기
```

이번에는 '오른쪽 눈' 스프라이트를 클릭하고 다음 그림과 같이 코드 블록을 추가합니다.

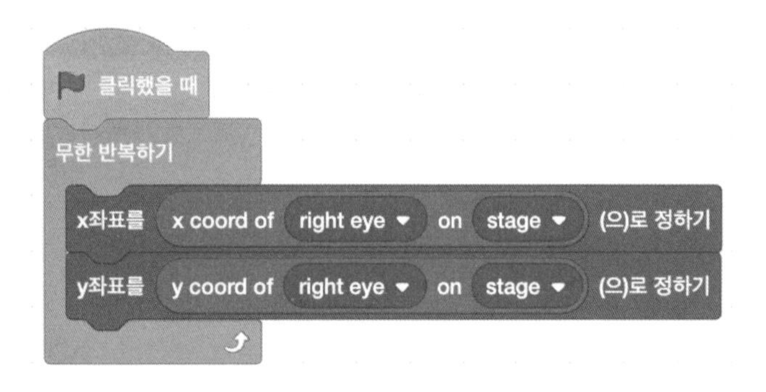

'코' 스프라이트를 클릭하고 아래 그림과 같이 코드 블록을 추가합니다.

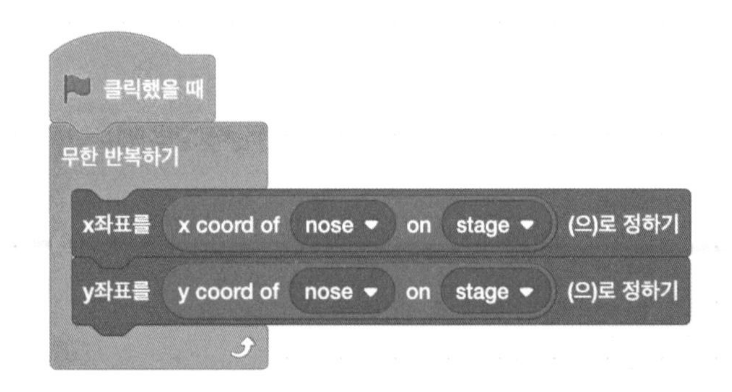

(초록색 깃발을 클릭하면 '왼쪽 눈', '코', '오른쪽 눈' 스프라이트를 인공 지능 컴퓨터가 발견한 눈과 코에 각각 위치 이동을 시킵니다.)

이제 초록색 깃발을 눌러서 양쪽 눈과 코에 제대로 애니메이션이 입혀지는지 확인해 봅니다.

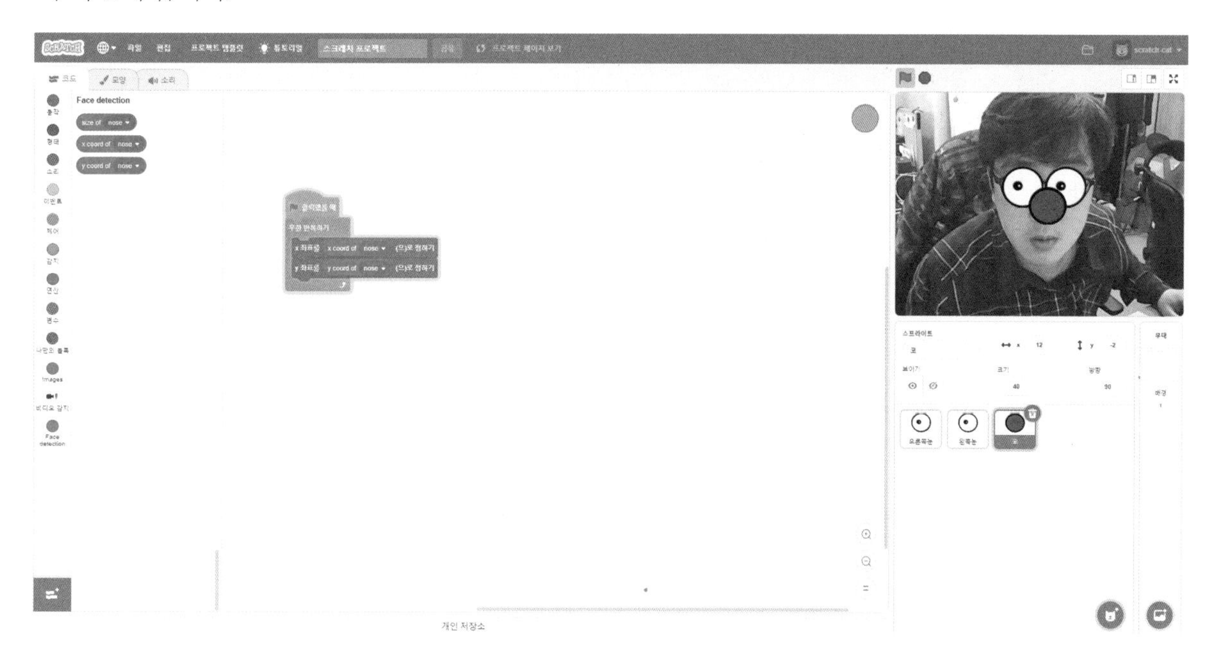

그런데 얼굴이 멀리 있든, 가까이 있든 눈과 코 이미지가 실제 눈, 코 크기와 상관없이 일정해서 웹캠에서 멀리 떨어지면 이미지가 얼굴을 다 가리게 되지 않나요? 그럴 때를 대비해서 다음 그림과 같이 각 스프라이트를 수정하면 됩니다.

'오른쪽 눈' 스프라이트를 클릭하고 아래 그림과 같이 코드 블록을 추가해 줍니다.

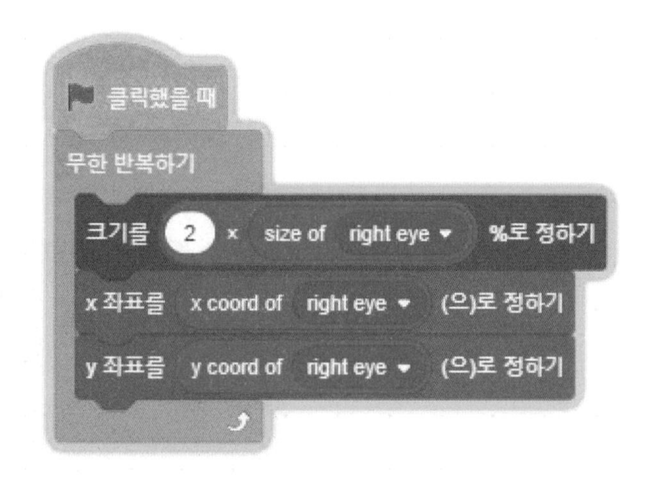

'오른쪽 눈' 스프라이트를 클릭하고 아래 그림과 같이 코드 블록을 추가해 줍니다.

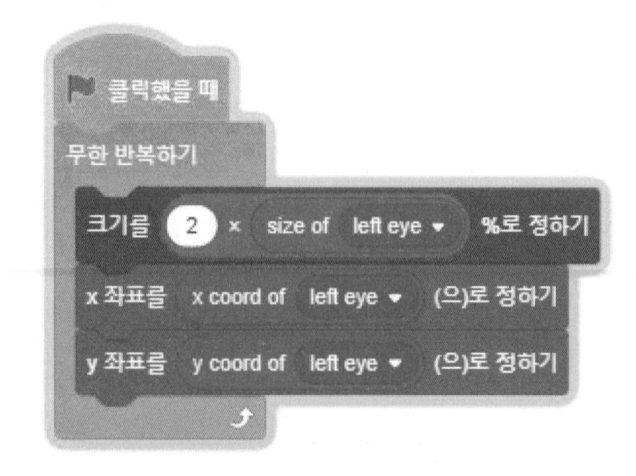

'코' 스프라이트를 클릭하고 아래 그림과 같이 코드 블록을 추가합니다.

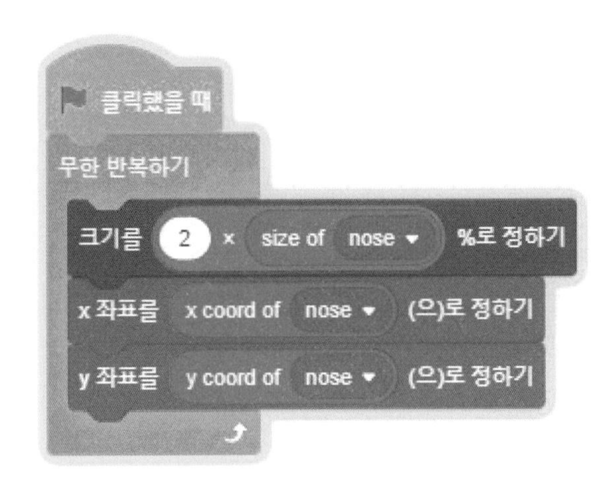

(실제 눈과 코의 크기의 2배수의 %만큼 스프라이트 이미지의 크기로 정하게 됩니다. 여기서 숫자 2는 여러분들이 바꿔 가면서 맞춰 주어야 합니다.)

초록색 깃발을 누르고 테스트해 보면 적절한 크기의 눈과 코의 이미지가 나타나는 것을 확인할 수가 있어요.

사전에 얼굴 감지 기능이 학습된 인공 지능 컴퓨터의 기술로 웹캠에서 얼굴의 위치와 방향을 감지하여 우리가 그림으로 그린 눈과 코를 붙이는 프로젝트를 만들었습니다. 또한 웹캠에서의 눈과 코의 크기에 따라 그 이미지 크기도 변할 수 있도록 추가 수정도 해 보았습니다.

---

③ 정리하고 생각하기.

얼굴 인식 기능이 학습된 인공 지능 컴퓨터 기술을 살펴볼 수 있었습니다. 이것은 정확하게 말하자면 특정 얼굴을 인식하는 게 아니라 '모든 사람의 얼굴을 인식'하는 얼굴 인식 기능입니다. 비록 이번 수업에서는 직접 인공 지능 컴퓨터를 훈련시키지는 않았지만, 이러한 기능을 가진 인공 지능 컴퓨터를 만들려면 무수한 사람들의 얼굴 사진들로 훈련시켜야 합니다.

물론 제대로 된 얼굴 인식 기능을 완성하려면 얼굴 사진이 많으면 많을수록 좋습니다. 어느 한 대학교에서는 3만 2000장의 얼굴 사진을 인공 지능 컴퓨터에 인식시킨 후 39만 개의 얼굴을 감지하는 기록을 세우기도 했답니다. 실제로 인공 지능 프로젝트에서는 이렇게 미리 훈련된 인공 지능 컴퓨터 모델을 많이 사용해요. 3만 2000장의 사진 인식 훈련을 다시 할 수는 없으니까요!

얼굴 인식 기술은 유용한 기술이에요. 쉽게 볼 수 있는 예로, 얼굴 사진 보정 기능이 들어간 프로그램들이 있어요. 얼굴 사진을 보정하기 전에 일단 사진에서 사람의 얼굴이 어디 있는지 감지할 수 있어야 하기 때문이에요. 사람의 얼굴 위치를 확인한 후 그 위치에 얼굴 보정 및 특수 효과를 적용하도록 한답니다.

또 다른 예로는 동의 없이 무작위로 촬영된 사람들의 얼굴을 자동으로 모자이크해 주는 기능에도 사용됩니다. 초상권이 허락되지 않은 사람들의 얼굴을 함부로 텔레비전 방송에 내보내면 안 되는데, 만일 한두 명이 아니라 여러 명이 찍혔다면 그것을 모자이크해야 하는데, 일일이 사람 손으로 하면 무척 힘들겠죠? 그래서 인공 지능 컴퓨터를 써서 자동으로 얼굴을 감지해서 모자이크 처리를 합니다.

2 상상의 세계

1. 가상 현실 공간 속으로

박사님 가상 현실은 여러분이 원하는 어떤 시간이든 공간이든 체험할 수 있게 해 줍니다. 공룡이 살던 쥐라기 시대 늪지나 세상의 지붕인 히말라야 산맥 능선, 우주 비행선 내부로 우리를 옮겨 주기도 하고, 독수리의 비행에 동행할 수 있게도 해 줍니다.

소연 진짜 있는 곳이든 상상 속에 있는 곳이든 모두 갈 수 있군요?

박사님 예, 그렇습니다. 쉽게 경험하지 못하는 자연의 풍경은 360도 카메라를 이용해서 촬영하여 안전한 공간에서 경험할 수 있도록 해 줍니다.

승현 어떻게 360도로 촬영하나요?

박사님 사람의 눈은 정면을 바라봤을 때 양옆으로 90도 위치의 물체는 잘 볼 수 없습니다. 우리의 안구는 특별히 보고자 하는 물체에 초점을 맞추면 시야가 더욱 좁아집니다. 360도를 촬영하는 특별한 카메라는 카메라 앞뒤에 렌

360도 카메라

즈가 있습니다. 그래서 카메라를 중심으로 360도 장면을 동시에 촬영할 수 있습니다.

소연 360도 각도로 찍은 사진을 본 적이 있어요. 가운데가 불룩하고 가장자리로 갈수록 멀어지는 이상한 사진이었어요.

박사님 소연이가 정확하게 봤군요. 소연이가 본 사진은 360도로 찍은 입체적

360도 풍경 사진

인 장면을 평면에 옮긴 사진입니다. 그래서 가장자리를 연결하면 둥근 지구본 같은 화면이 만들어집니다. 이런 장면을 입체적으로 보기 위해서는 머리에 쓰는 가상 현실 기기가 필요합니다. 이 기계를 쓰면 눈앞에 360도로 촬영한 영상이 입체적으로 보입니다.

승현 영화 「쥐라기 공원」이나 「오즈의 마법사」에 나오는 신비한 장소는 어떻게 볼 수 있나요?

박사님 이런 장소는 현실에서 찾아볼 수 없습니다. 여러분이 좋아하는 슈퍼히어로나 공룡이 나오는 영화들처럼 컴퓨터로 장면을 만들어야 합니다. 눈앞의 풍경만 만드는 것이 아니라 우리를 둘러싼 자연 환경 전체를, 그러니까 앞, 뒤, 위, 아래 모든 장면을 컴퓨터로 그려야 합니다. 그래서 감상하는 사람이 가상 현실을 볼 수 있는 기계 장치를 머리에 쓰고 봤을 때 고개를 위, 아래 혹은 뒤로 돌렸을 때도 아름다운 풍경을 볼 수 있습니다. 그리고 그곳에서 상상 속의 캐릭터나 사라진 공룡을 만날 수 있습니다.

2. 가상 현실 캐릭터와 나

박사님 여러분에게 가상 현실 캐릭터란 어떤 것인가요?

승현 게임 속에서 제가 선택한 캐릭터요.

박사님 어떤 모습을 하고 있지요?

소연 멋진 갑옷을 입고 있어요. 지금 머리카락 색깔은 보라색인데 나중에 연두색으로 바꾸려고 해요.

승현 제 캐릭터는 사람이 아니에요. 머리는 독수리이고 날개가 달려 있어요. 멋진 무기도 가지고 있어요.

박사님 여러분은 이 캐릭터가 자신이라고 생각하나요?

승현 그럼요. 게임을 시작할 때 캐릭터를 선택합니다. 앞으로 어떤 캐릭터로

키울까 고민을 많이 해서 능력치를 넣어 줍니다.

소연 저는 게임마다 캐릭터가 다 달라서 캐릭터가 바로 나일까 하는 생각이 들 때가 있어요. 어떤 캐릭터는 발랄하고 친구가 많고 어떤 캐릭터는 소심한 외톨이예요.

박사님 캐릭터란 성격, 인격, 특징, 글자, 개성, 등장 인물 등 다양한 뜻을 가지고 있습니다. 소연이의 캐릭터가 다양한 성격을 가지듯이 캐릭터라는 말도 여러 가지 의미를 가지고 있습니다. 그래서 여러 가지 감정과 기분, 개성을 가진 캐릭터는 살아 있는 것처럼 느껴지기도 합니다.

박사님 인공 지능 캐릭터는 게임의 아바타처럼 '나'를 대신하지 않습니다. 스스로 개성을 가진 사람처럼 정교합니다. 겉모습도 사람에 가깝도록 묘사되어 있습니다. 2016년 **휴머노이드 로봇(humanoid robot, 인간형 로봇)** 소피아가 만들어졌습니다. 휴머노이드 로봇이란 인간의 몸을 닮은 로봇을 말합니다. 딱딱한 재료로 만든 다른 로봇과 달리 소피아는 얼굴에 60여 개의 표정을 지을 수 있습니다. 뿐만 아니라 사람들의 질문에 인공 지능으로서 답변도 했습니다. "로봇이 표정을 짓는 것이 중요한가?"라는 기자의 질문에 소피아는 "인간과 함께 일하고 살아가기를 원한다. 인간을 이해하고 사람들과 믿음을 쌓아 가기 위해

인공 지능 소피아

서 감정 표현이 필요하다."라고 말했습니다. 소피아는 2017년 사우디아라비아 시민권을 받았습니다. 사우디아라비아는 네옴(NEOM)이라는 인공 지능 도시를 만들려고 하지요. 소피아는 그 도시의 시민이 되겠죠.

사고력과 창의력 키우기

인공 지능 로봇 소피아는 사람의 표정과 동작을 읽고 상황에 맞추어 대화를 할 수 있습니다. 소피아가 스스로 몸동작, 시선, 눈매 등을 변화시켜 가며 이야기를 이어 갑니다. 사람들은 사람이나 강아지 등 생물 모양을 한 인공 지능 기계를 살아 있는 생물처럼 다룬다는 연구 결과도 있습니다. 소피아가 한국을 방문했을 때 많은 사람이 소피아의 대답과 동작에 주목하였습니다. 사람의 형체를 한 로봇과 인공 지능의 결합은 우리에게 어떤 영향을 끼칠까요? 미래 인공 지능과 로봇 공학은 어떤 모습일까요?

사고력과 창의력 키우기

인공 지능 스피커, 로봇 강아지뿐만 아니라 다양한 형태의 로봇이 우리 삶에 들어와 있습니다. 여러분이 세상에 없는 로봇을 만드는 로봇 공학자라면 어떤 로봇을 만들고 싶은가요?

■ 활동 1 아바타 만들기

여러분의 얼굴을 인식하여 다양한 **아바타**로 만들어 주는 앱들이 많이 있습니다. 그중에 **이모지 페이스 레코더**라는 앱을 설치해서 아바타의 얼굴을 움직여 볼까요?

① 준비: 이모지 페이스 레코더 앱이 설치된 스마트폰이 필요합니다.

② 앱을 실행하면 아바타로 만들어진 캐릭터들이 많이 있습니다. 그중에 마음에 드는 캐릭터를 선택해 보세요. 그러면 여러분이 표정을 바꾸거나 입을 움직일 때 똑같이 움직입니다.

③ 정리하고 생각하기.

이처럼 나와 똑같이 움직이는 아바타는 컴퓨터 그래픽으로 쉽게 만들 수 있습니다. 어떤 원리로 만들어지는 걸까요? 얼굴 인식이라는 기술로 만들어집니다. 인간의 얼굴은 눈 2개와 눈썹 2개, 코 1개와 입 1개로 되어 있기 때문에 이 부분을 인공 지능으로 추적합니다. 얼굴 인식 기술이 우리 생활에 어떤 도움을 줄 수 있을까요?

6부

나는 인공 지능 게임 전문가입니다

1 미래 기술과 게임

1. 게임일까? 현실일까?

박사님 여러분, 기계를 머리에 쓰고 손에 장비를 들고 게임을 해 본 적이 있나요? 어떤 느낌이었나요?

승현 해 본 적은 없지만, 답답할 것 같아요.

소연 재미있어요. 눈앞에 괴물이 다가와서 도망쳤어요. 무서웠어요.

박사님 가상 현실이라고 불리는 환경에서 하는 이런 게임들은 **HMD**라는 장비를 이용합니다. **헤드 마운트 디스플레이(head mounted display)**라고 부르는데요. 눈 바로 앞에 화면이 띄워지도록 고안된 디스플레이 장치입니다. 물체를 눈앞에 바짝 가져다 대면 잘 보이지 않지요? 이 장비를 쓰면 눈 바로 앞에 렌즈가 장착되고 그 렌즈를 통해서 영상이 보입니다. 이때 장비를 착용한 사람의 눈 초점을 맞춰 가까이 있어도 입체적이고 선명한 영상을 눈앞에 보여 줍니다.

2. 게임으로 만든 세상

박사님 이런 장치는 어디에 쓰면 좋을까요? 자동차 운전 훈련, 비행기 조정 훈련, 우주 비행 등 현실에서는 위험할 수 있는 어려운 훈련을 가상으로 경험하는 장치를 가상 현실 시뮬레이터(virtual reality simulator)라고 부릅니다. 이런 장치는 놀이 공원, 가상 현실 체험 놀이 기구 등으로 바뀌어서 여러분도 가상 현실을 쉽게 경험할 수 있도록 발전했습니다. 즐거운 놀이로 새로운 것을 경험한다면 배우는 과정이 좀 더 쉽겠지요?

가상 현실에서 반려 동물도 키울 수 있습니다. 집에서 키우는 동물과 달리 항상 가지고 다니면서 돌볼 수 있습니다. 하지만 현실의 동물처럼 아끼고 돌보지 않으면 가상의 반려 동물도 아파합니다. 이 가상의 생명체와 소통하는 방법

가상 현실 도구를 착용하고 우주를 체험하는 모습

가상 현실 반려 동물 캐릭터

은 스위치를 끄고 켜는 것입니다. 단순한 동작이지만 게임을 하는 사람의 선택에 따라서 가상의 동물이 반응합니다.

소연 친구들과 반려 동물 키우는 게임을 해 보았어요. 먹이도 주고 같이 놀아 주어야 합니다. 진짜 동물을 키우면 더 잘 돌보고 아껴 주어야겠다고 생각했습니다.

박사님 훌륭한 생각을 하였군요. 게임은 이렇게 우리 생활과 생각에도 영향을 끼칩니다. 지구를 생각하는 게임도 있습니다. 게임을 하려면 컴퓨터를 켜거나 핸드폰을 사용합니다. 하지만 반대로 핸드폰을 자주 사용하지 않는 것이 목적인 게임도 있습니다. 핸드폰을 사용하지 않는 시간이 쌓이면 점수가 올라가고 보상도 받습니다. 왜 핸드폰과 컴퓨터를 사용하지 않는 것이 게임이 될까요?

승현 탄소 에너지를 줄이기 때문입니다.

박사님 맞습니다. 우리가 사용하는 전기 에너지는 지구 온난화를 일으키는 탄소 에너지를 배출합니다. 이렇게 게임을 활용해서 전기를 덜 사용하게 할 수도 있고, 특히 즐겁게 에너지를 아낄 수 있어요.

사고력과 창의력 키우기

군인 훈련에도 가상 현실을 사용합니다. 전쟁에서 겪게 되는 다양한 상황, 낯선 전쟁터의 모습을 미리 경험하고 다양한 작전을 짜는 데 사용하는 거죠. 많은 병사를 살리고 전쟁에서 유리한 결과를 내기 위해 이런 가상 현실이 게임처럼 활용됩니다. 한편에서는 이런 가상 현실 전쟁을 경험하고 실전에서 사용하는 것을 반대하는 목소리도 있습니다. 전쟁은 게임이 아니기 때문입니다. 자칫 게임처럼 생명을 쉽게 대하고 상황을 게임처럼 흥미롭게 대하는 것을 경계하는 것입니다. 여러분의 생각은 어떤가요? 여러분이 즐겁게 하는 게임은 생명과 그 과정을 어떻게 묘사하고 있나요?

사고력과 창의력 키우기

현실에 있는 직업, 장소, 활동을 게임으로 만든 것들이 많이 있습니다. 나의 카페를 만들어서 메뉴를 개발하고 농장에서 동물과 작물을 키워서 팝니다. 여러분이 체험하고 싶은 직업이나 활동이 있나요? 여러분만의 시나리오와 캐릭터로 게임을 만들어 보는 것은 어떨까요?

■ 활동 1 팩맨 만들기

게임은 사용자가 인공 지능 컴퓨터와 경쟁하는 방식으로 시작하였습니다. 보통은 인공 지능 컴퓨터가 적이나 악당이 되어 사용자의 아바타를 쫓아다니며 공격했지요. 사용자가 적을 물리치고 점수를 획득하는 아주 기본적인 게임의 법칙이 아직까지도 유지되고 있습니다. 그중에서도 유명한 고전 게임인 **팩맨(Pac-Man)**을 만들어 보겠습니다.

① 준비: 고전 게임의 명작 「팩맨」의 게임 플레이 영상을 보고, 여러분이 부모님과 같이 봤을 영화 「픽셀(Pixels)」에 대해 생각해 봅니다.

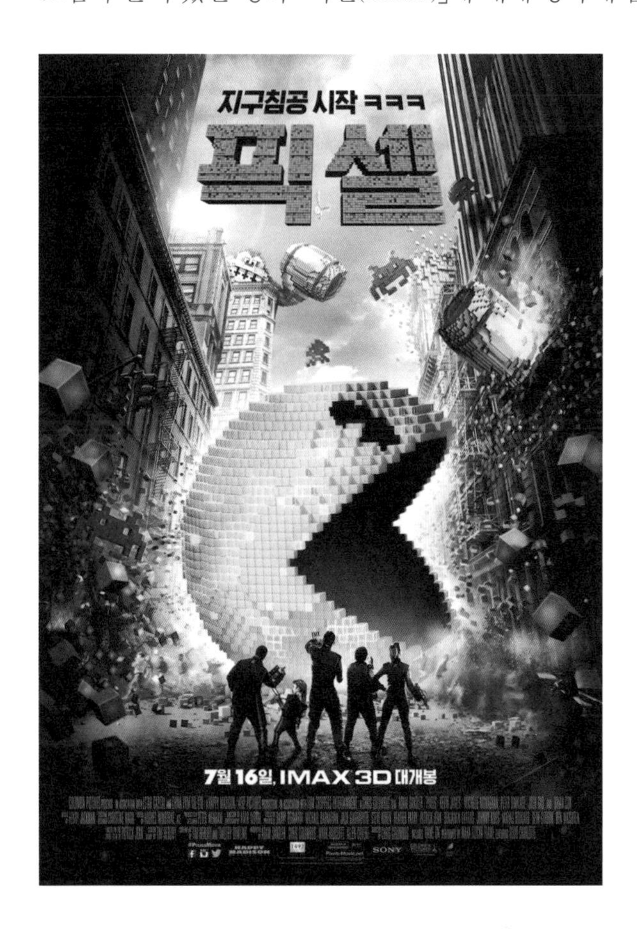

② 누가 주인공이고 누가 악당일까요? 악당은 우리를 어떻게 알고 쫓아오는 걸까요? 우리는 악당을 어떻게 피해 다녀야 할까요? https://machinelearningforkids.co.uk/scratch3로 가서 스크래치를 실행시킨 다음 왼쪽 위의 '프로젝트 템플릿'을 누른 후 '팩맨'을 선택해 주세요

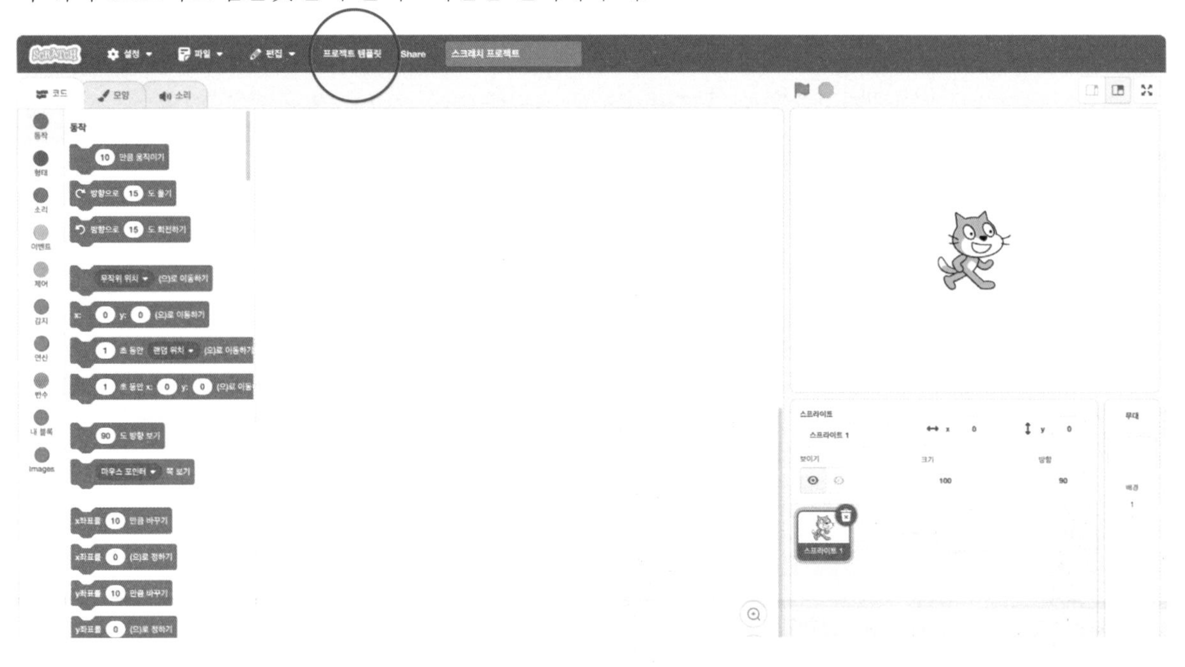

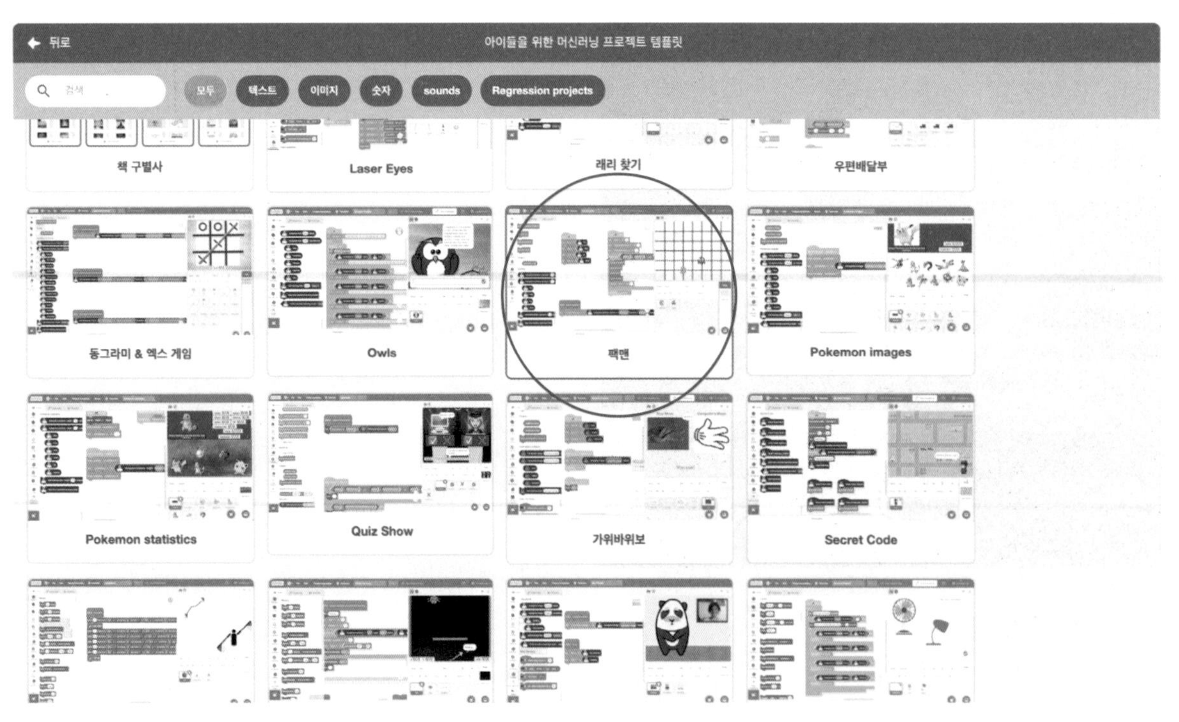

오른쪽 위의 전체 화면 버튼을 클릭한 다음 초록색 깃발을 클릭해 게임을 실행해 봅니다.

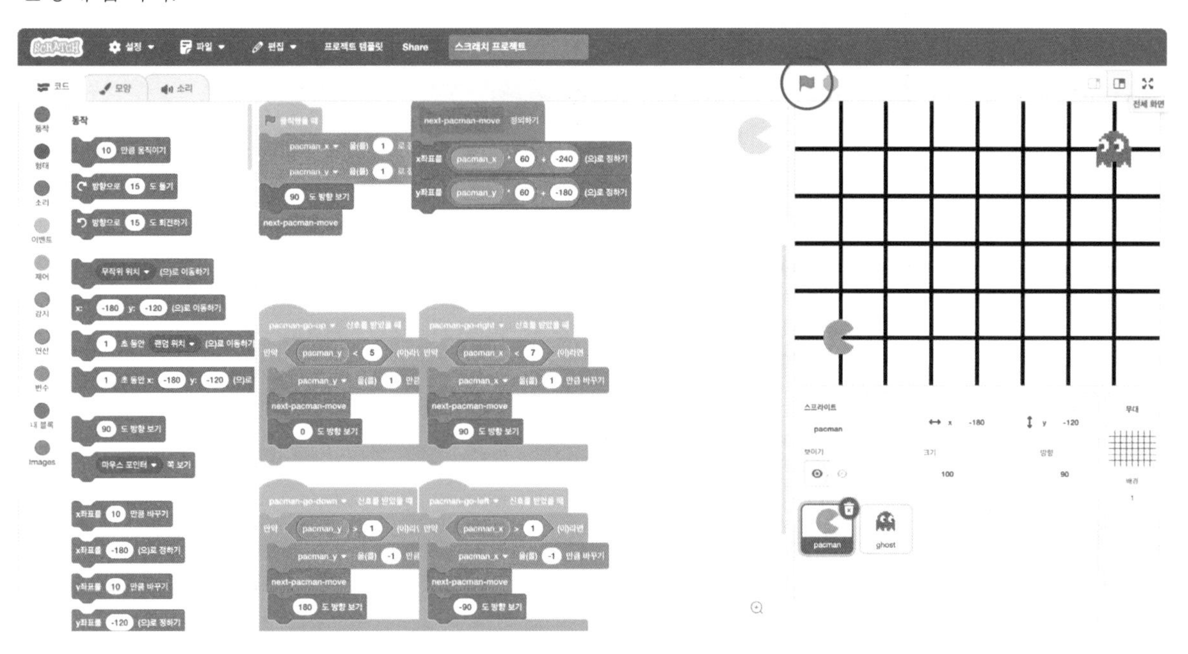

화살표 키를 눌러서 팩맨을 움직여 유령을 피해야 해요.

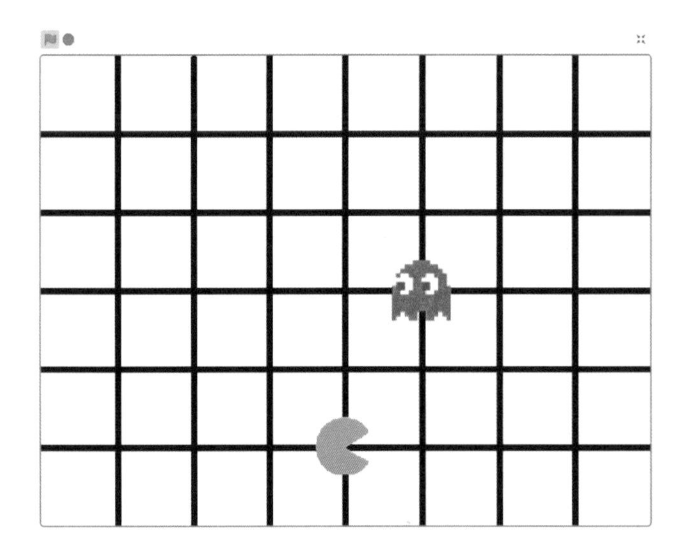

게임이 끝나면 다시 초록색 깃발을 클릭해서 재시작할 수 있답니다.

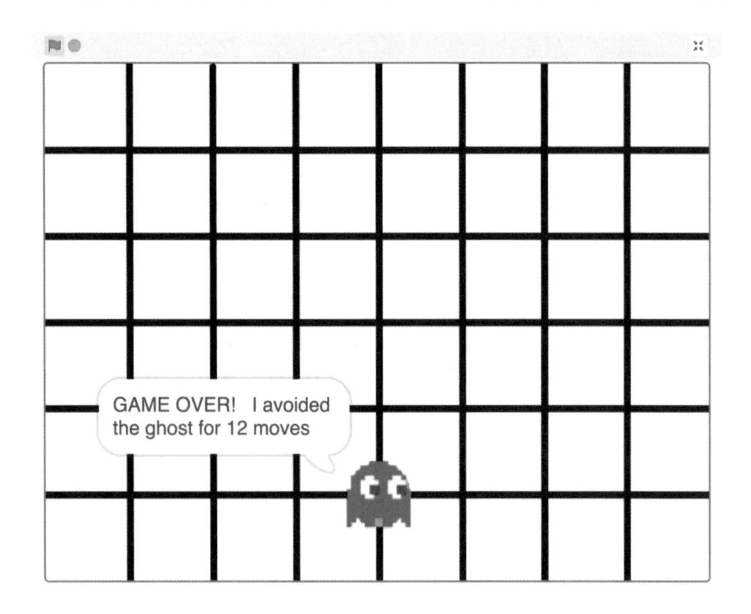

우리의 팩맨이 어떻게 유령을 피할 수 있는지에 대해서 알아볼까요?

게임의 판은 수학에서 흔히 볼 수 있는 그래프예요. 팩맨과 유령은 이 그래프의 선에 따라 움직일 수 있답니다. 각 캐릭터의 위치는 가로 방향인 x축이 1부터 7까지, 세로 방향인 y축이 1에서 5까지의 숫자로 되어 있어요.

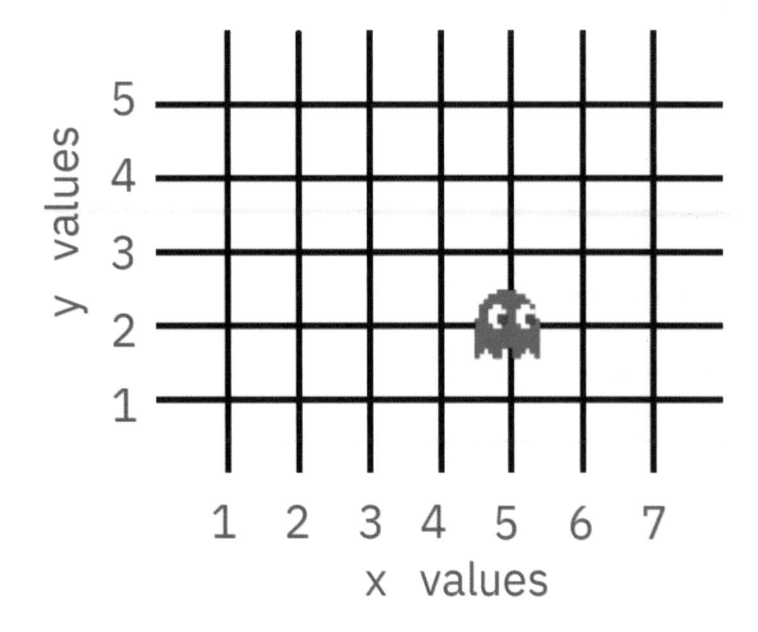

예를 들어 앞의 그림에서 유령의 위치는 x축으로 5, y축으로 2인 것이죠.

또한 각 캐릭터는 매 턴마다 위, 아래, 왼쪽, 오른쪽 이렇게 네 방향 중 하나로만 움직입니다. (대각선 이동은 없어요.)

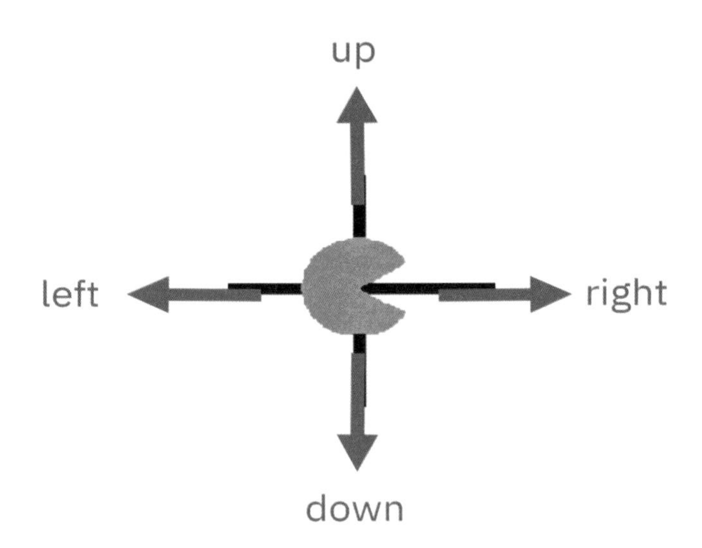

따라서 이러한 방법을 숙지하고 유령을 피하기 위해 팩맨을 훈련시킬 거예요. 훈련 방식은 아래 그림과 같아요. (팩맨과 유령의 위치에 따라서 사용자가 팩맨 방향을 어디로 선택했는지에 대한 예제들을 학습시킬 거예요.)

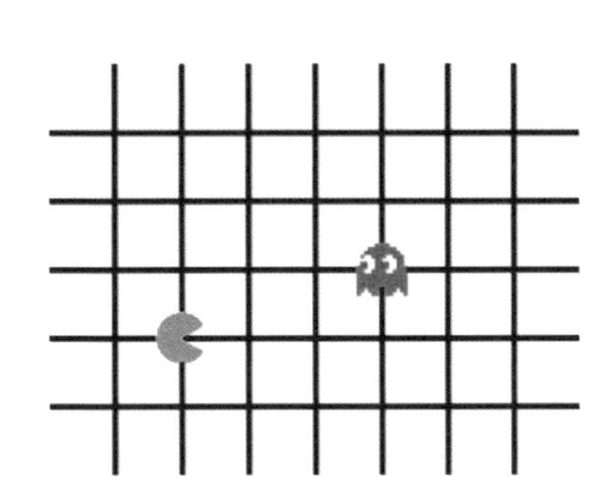

다음과 같은 위치에서 위로 가기로 결정했을때

pacman x	2
pacman y	2
ghost x	5
ghost y	3

choice: up

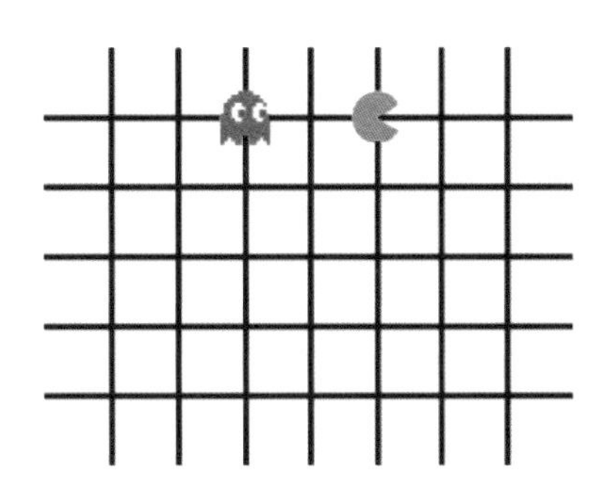

다음과 같은 위치에서 아래로 가기로 결정했을때

pacman x	5
pacman y	5
ghost x	2
ghost y	5

choice: down

③ 인공 지능 팩맨을 만들어 봅시다.

스크래치 창을 닫고 프로젝트를 하나 만듭니다.

이때 인식 방법을 숫자로 지정하고 'ADD A VALUE' 버튼을 눌러서

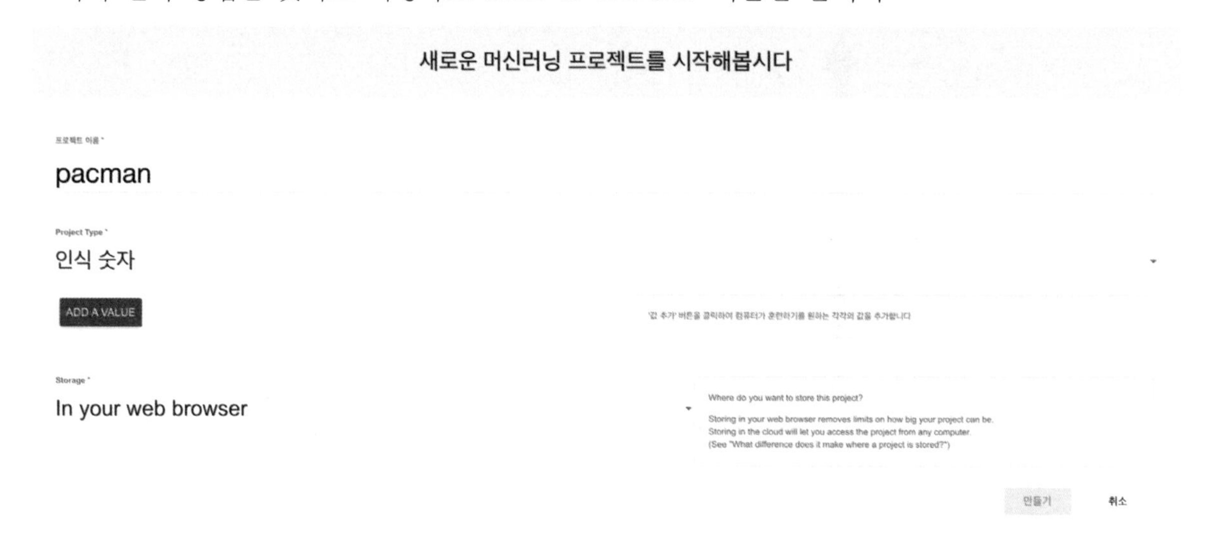

pacman x, pacman y, ghost x, ghost y를 추가하고 '만들기' 버튼을 누릅니다.

'훈련' 버튼을 눌러 주세요.

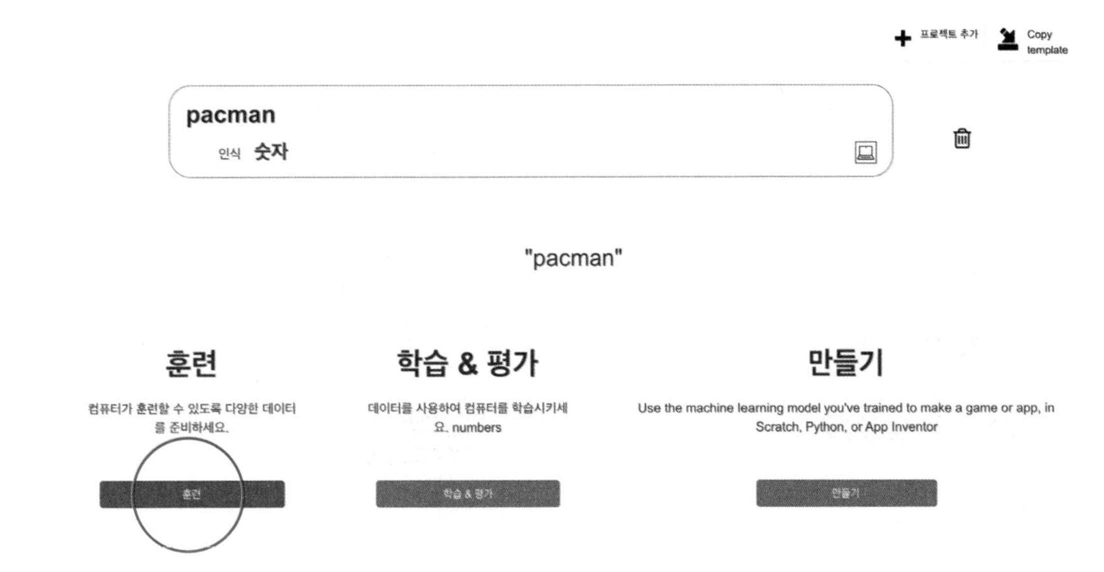

'+새로운 레이블 추가' 버튼을 눌러 'left', 'right', 'up', 'down' 4개의 레이블을 추가해 주세요.

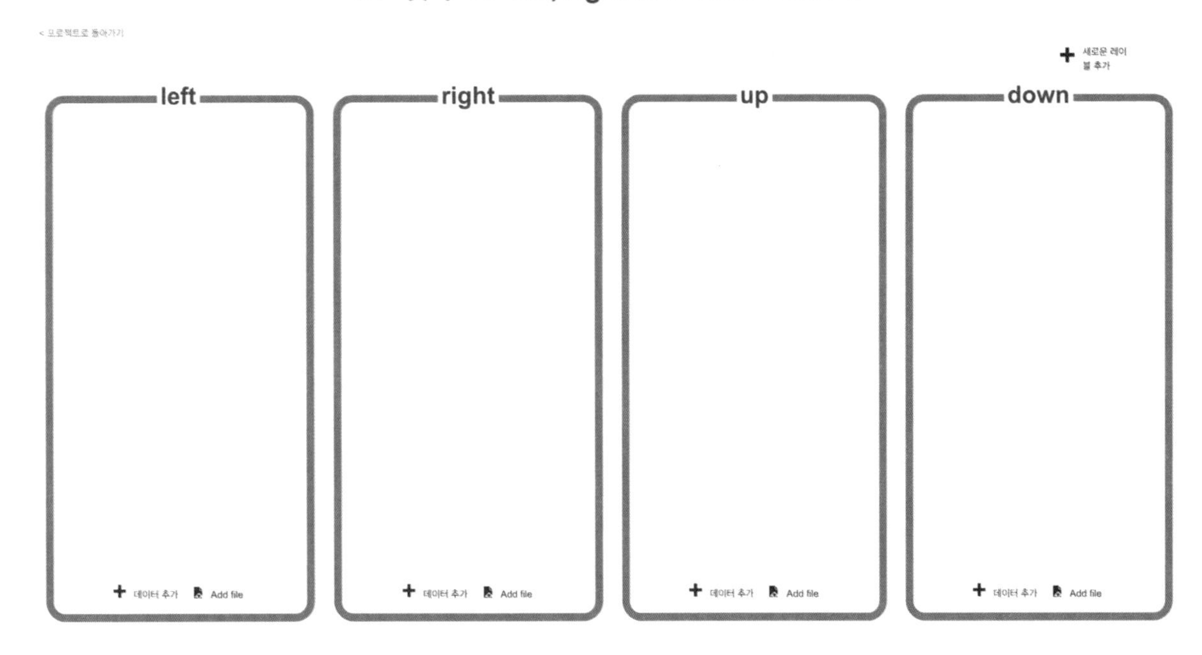

'프로젝트로 돌아가기'를 누른 다음 '만들기' 버튼 누른 후 '스크래치 3'을 선택합니다.

'straight into scratch' 버튼을 누릅니다. (우리는 아직 인공 지능을 학습시키지 않았지만 걱정 마세요! 스크래치 프로그램에서 학습을 시켜 준답니다.)

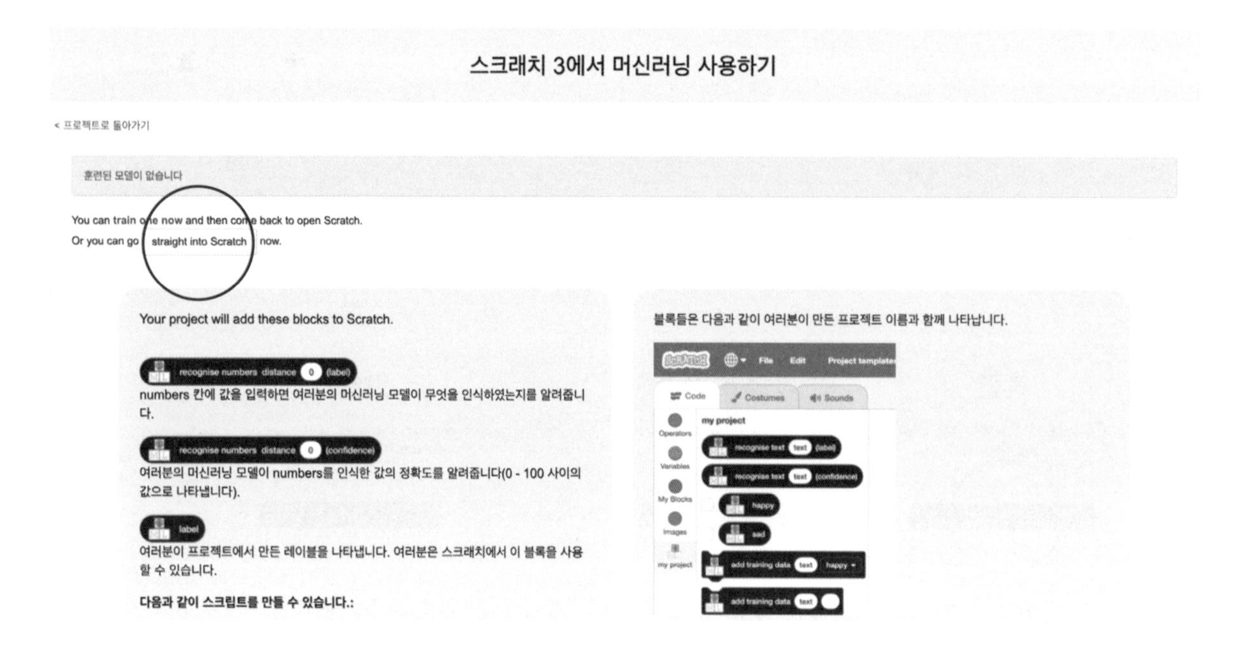

스크래치로 들어오면 'pacman(팩맨)'과 관련된 도구들을 볼 수 있어요.

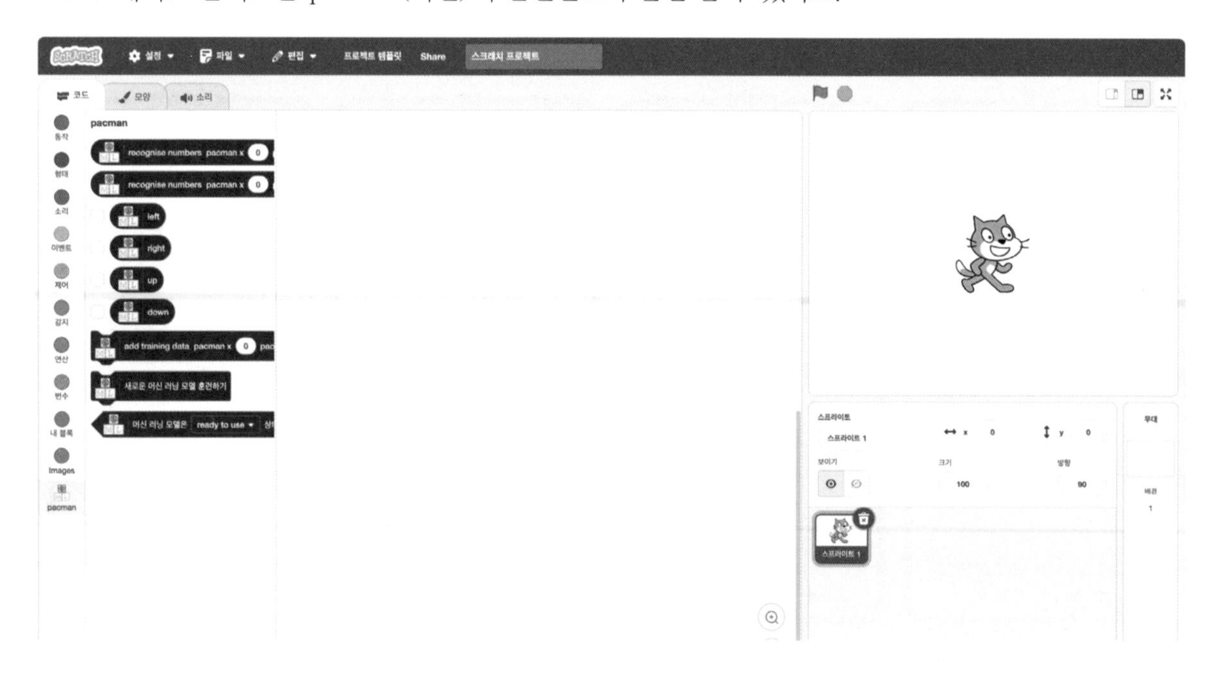

이제 다시 아까와 같은 방법으로 '팩맨 템플릿 프로젝트'를 불러옵니다.

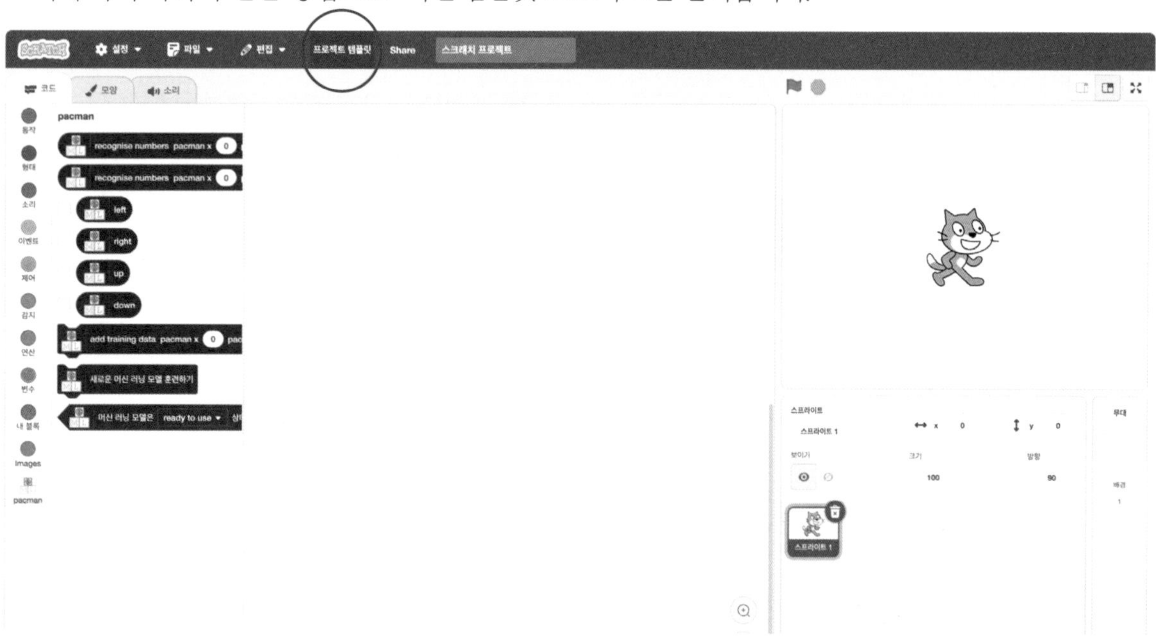

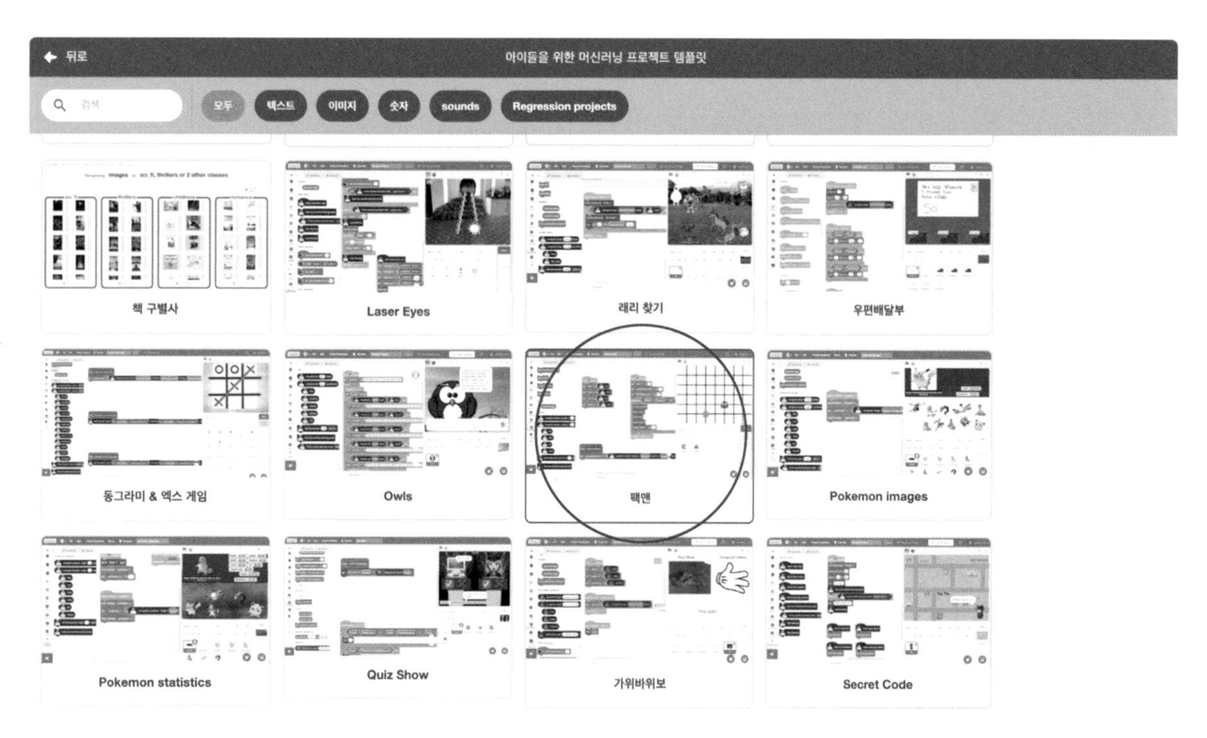

불러온 프로젝트에서 오른쪽 아래의 '무대'를 클릭합니다. 그리고 '초록색 깃발을 클릭했을 때'로 시작하는 코드 블록을 찾습니다.

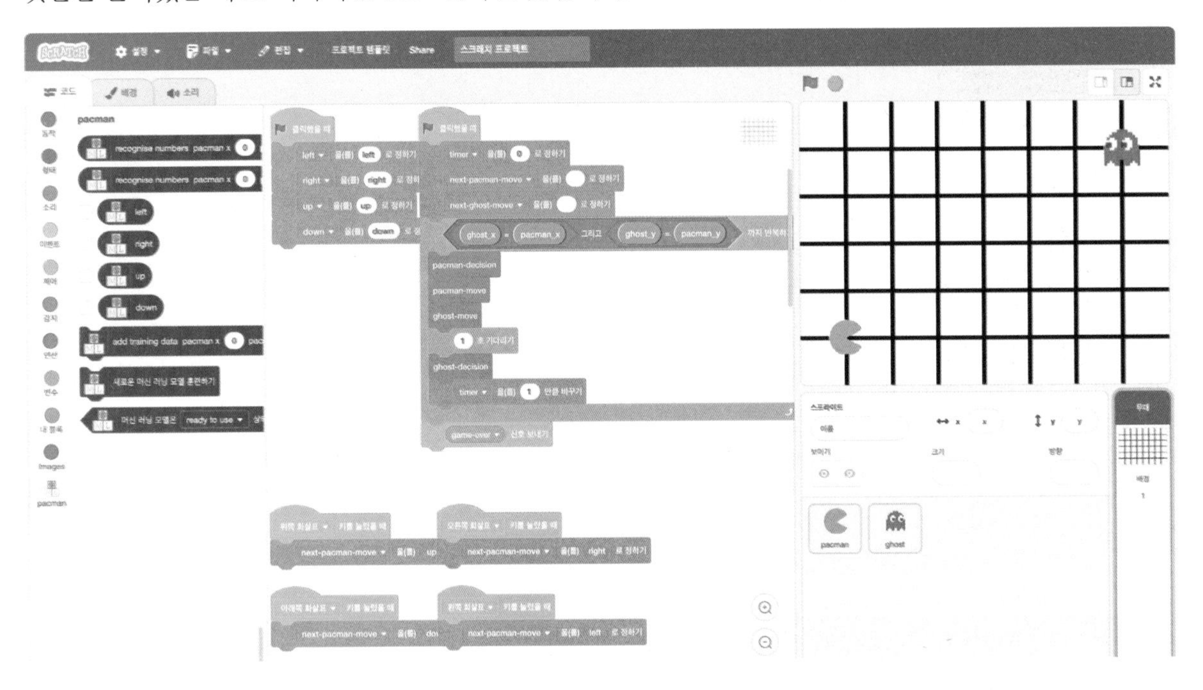

다음과 같이 수정해 줍니다.

(방향키를 눌렀을 때 각각의 레이블로 데이터를 던져서 학습 데이터를 쌓아 둘 준비를 합니다.)

그리고 'pacman decision' 블록을 찾아서 다음과 같이 수정해 줍니다.

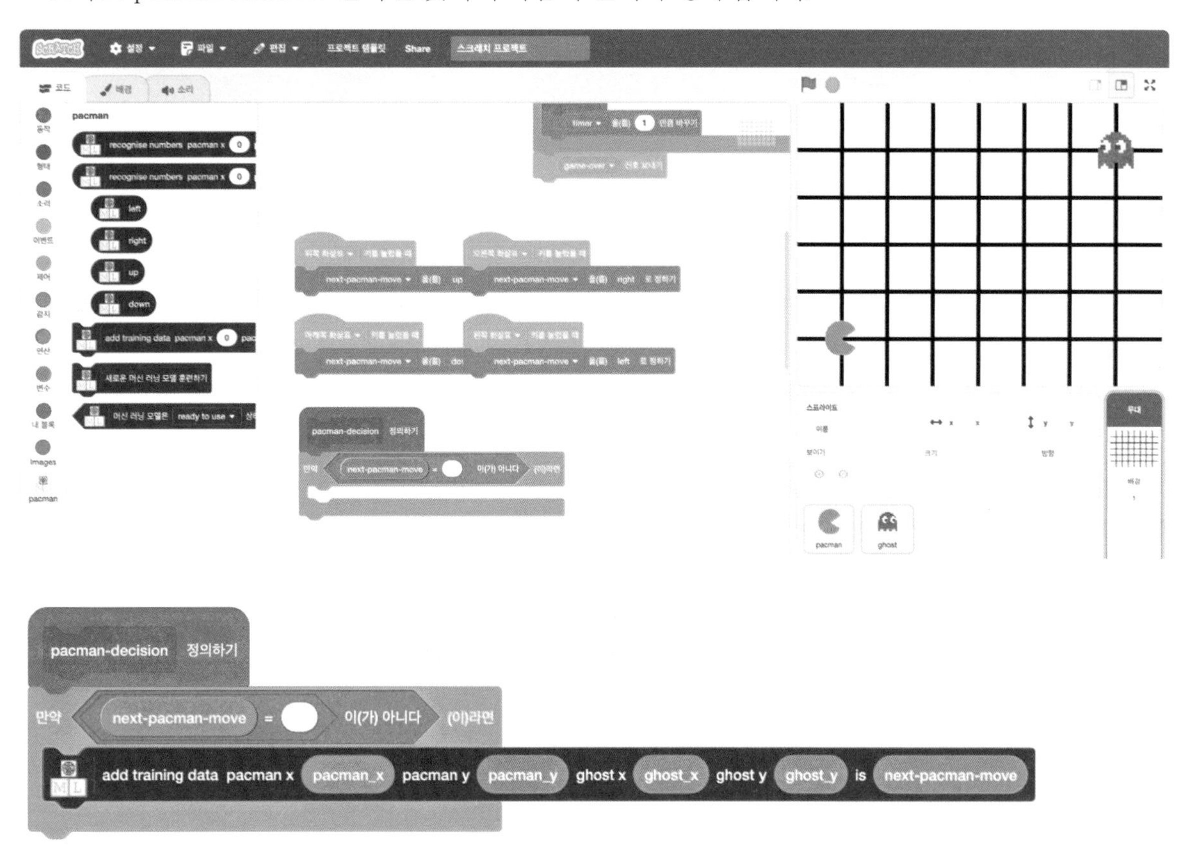

(팩맨으로 움직인 방향을 pacman_x, pacman_y, ghost_x, ghost_y로 숫자 데이터를 저장합니다.)

다 완성했으면 초록색 깃발을 눌러 게임을 몇 번 합니다. 몇 판 하게 되면 이제 유령을 잘 피하게 될 거예요. 여러분이 게임을 잘하면 잘할수록 인공 지능 컴퓨터도 더 잘하게 된답니다.

어느 정도 게임을 하고 난 뒤 해당 스크래치 프로젝트의 왼쪽 위에서 '파일', '컴퓨터에 저장하기' 순서로 눌러서 내 컴퓨터에 저장합니다. 이때 반드시 파일 이름을 나중에 헷갈리지 않게 'pacman learn'으로 바꿔 주세요. 이름에서 알 수 있듯이 인공 지능 팩맨을 학습하는 용도의 프로그램입니다.

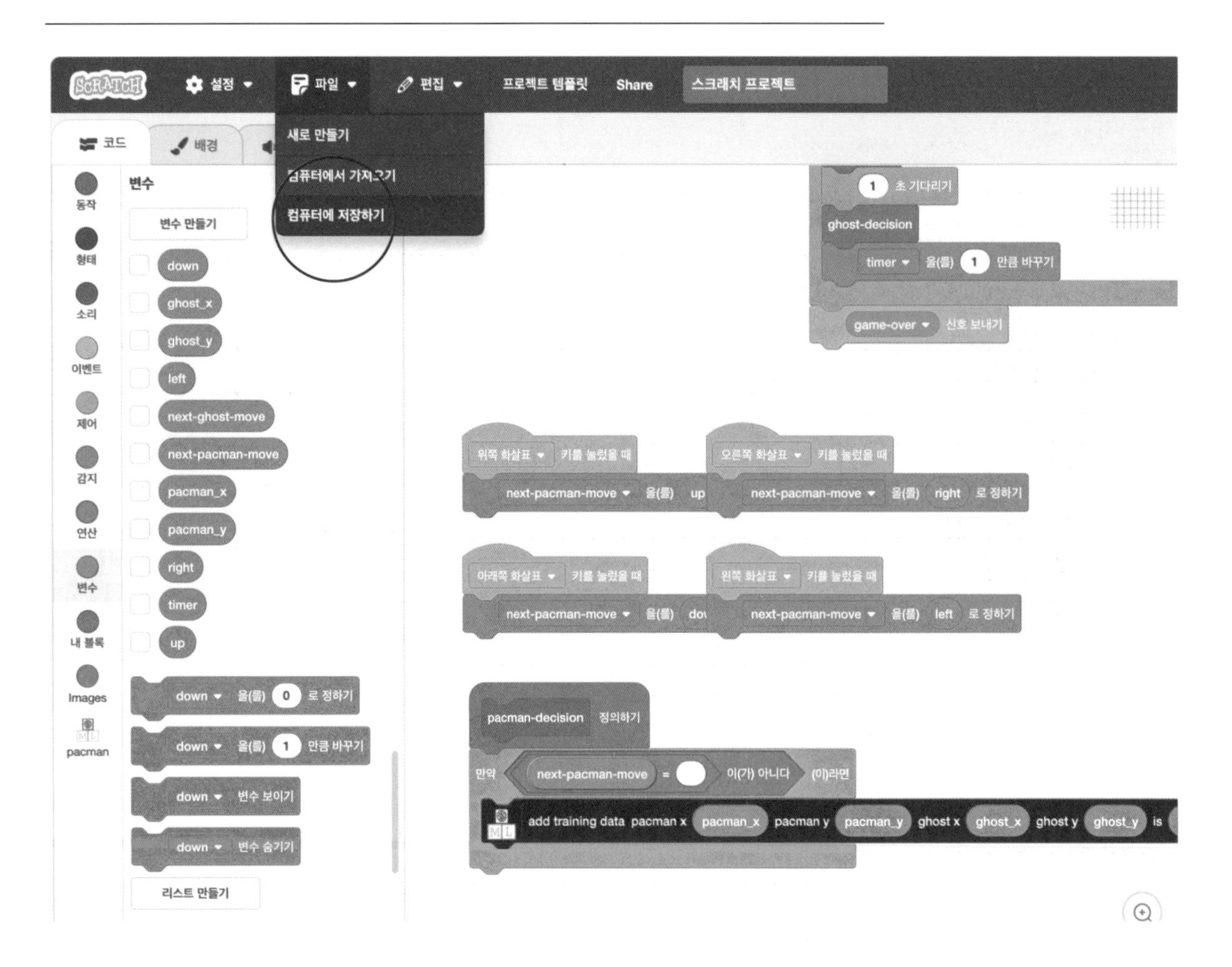

다시 프로젝트 화면으로 넘어온 다음 '훈련' 버튼을 누릅니다.

"pacman"

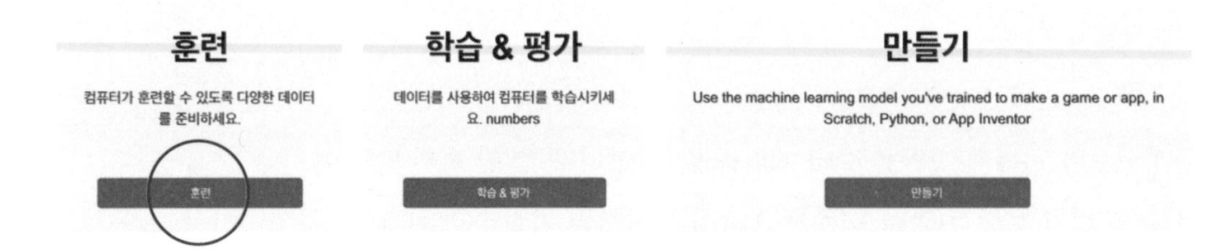

각 레이블마다 데이터가 쌓여 있죠? 이것은 아까 '스크래치 3' 프로그램인 pacman learn으로 만들어 낸 숫자들로 아까 여러분이 한 게임 플레이의 샘플 데이터들이랍니다. 이제 이 데이터들로 인공 지능을 학습시켜 주기만 하면 됩니다.

인식 **숫자** as **left, right or 2 other classes**

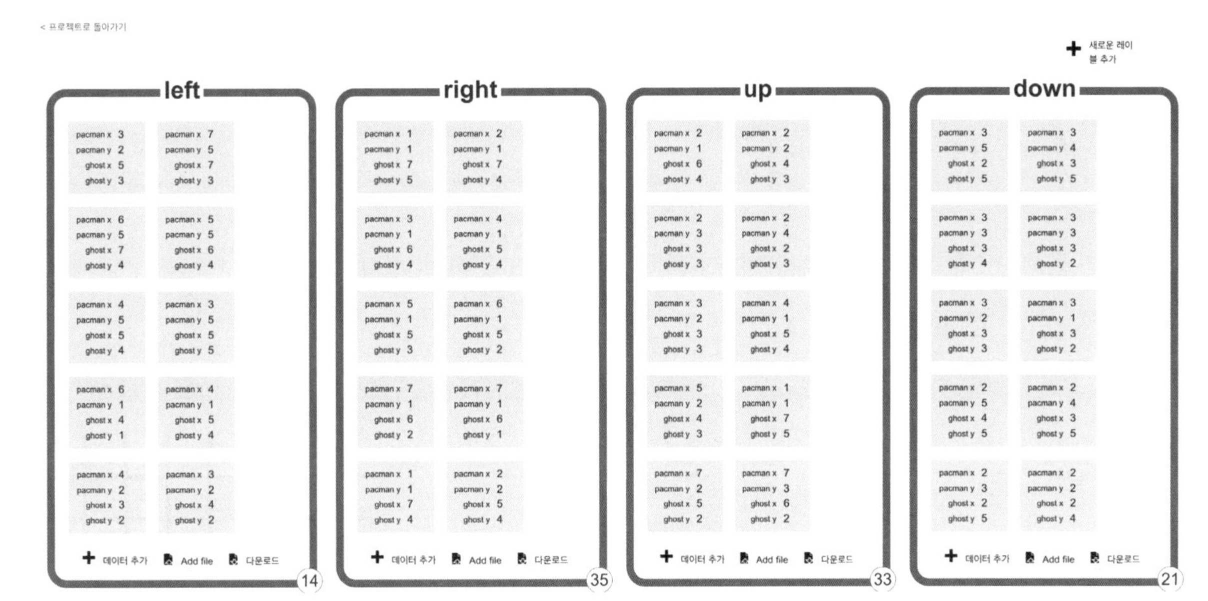

'프로젝트로 돌아가기'를 누른 다음 '학습 & 평가' 버튼을 누릅니다.

"pacman"

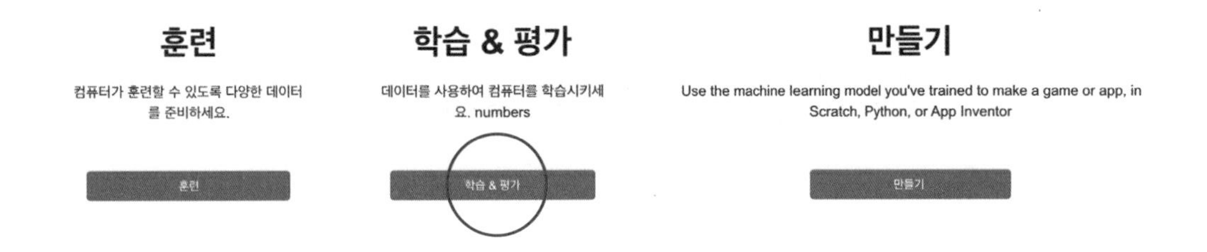

'새로운 머신 러닝 모델을 훈련시켜 보세요' 버튼을 누릅니다.

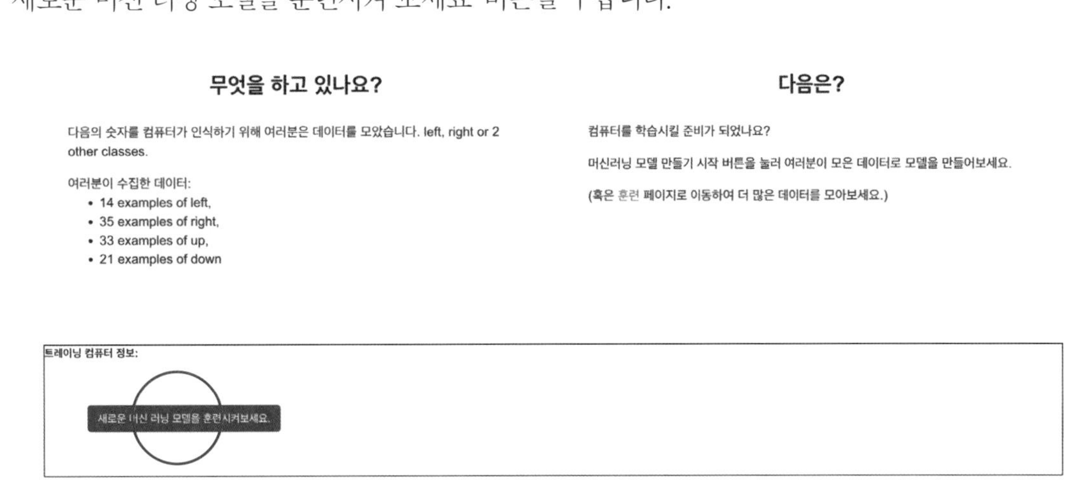

다시 스크래치 화면으로 돌아옵니다. 만약 스크래치 웹브라우저 창이 없어졌다면 다음을 순서대로 실행합니다.

1. '프로젝트로 돌아가기'를 누릅니다.
2. '만들기' 버튼을 누른 후 '스크래치 3'을 만듭니다.
3. 왼쪽 위에서 '파일', '컴퓨터에서 가져오기' 순서로 눌러서 아까 저장한 'pacman learn'을 불러옵니다.

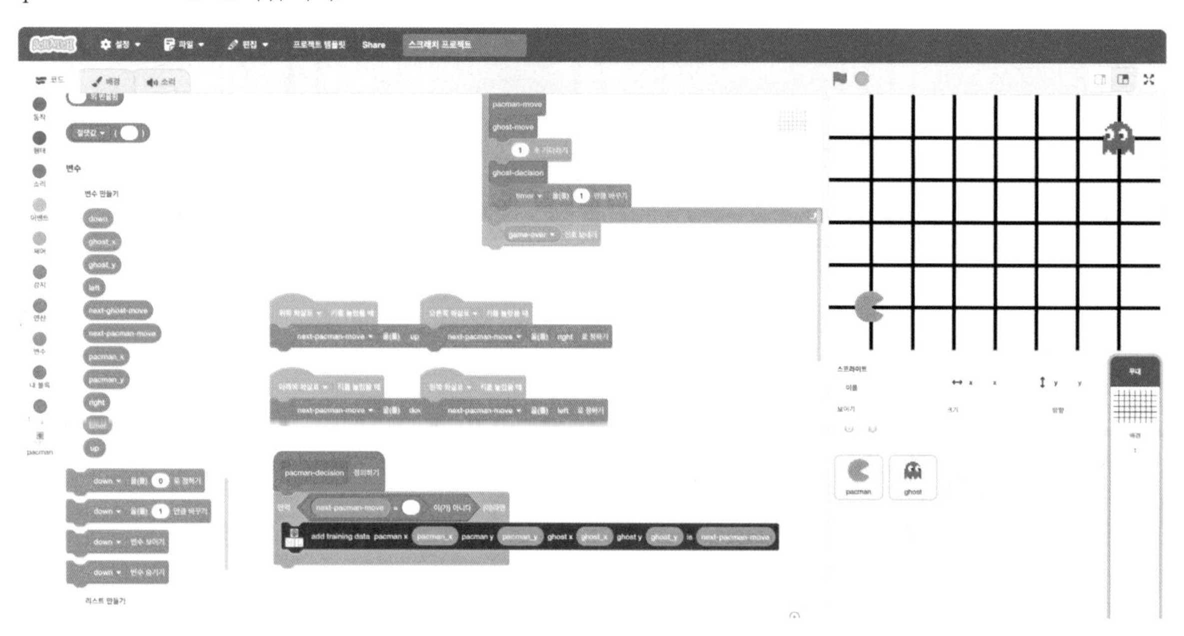

무대 버튼을 클릭한 후 다음과 같은 4개의 코드 블록을 삭제해 줍니다. (왜냐하면 이제 우리가 팩맨을 조정하는 것이 아니라 인공 지능이 움직이는 것으로 바꿔 줄 것이기 때문이죠).

또한 'pacman-decision' 정의하기 블록을 다음과 같이 바꿔 줍니다.

(팩맨의 다음 움직임 방향을 인공 지능에서 pacman x, pacman y, ghost x, ghost y 숫자를 토대로 결정하게 됩니다.)

그리고 초록 깃발을 클릭했을 때 블록에서 1초 기다리기 블록을 제거해 줍니다.

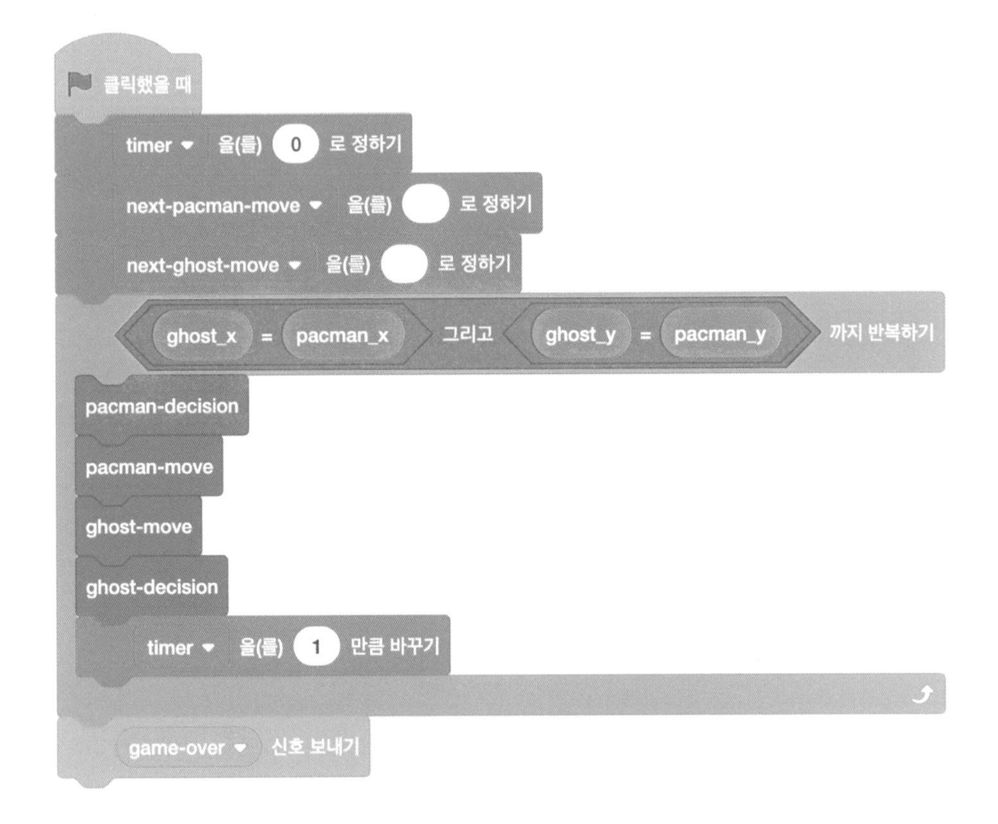

마지막으로 '파일', '컴퓨터에 저장하기' 순서로 눌러서 내 컴퓨터에 저장합니다. 이때 반드시 파일 이름은 나중에 실수하지 않게 'pacman play'로 바꿔 주세요. 이름에서 알 수 있듯이 인공 지능 팩맨을 학습하는 용도의 프로그램인 'pacman learn'과는 다른, 인공 지능이 직접 게임을 하는 스크래치 프로그램입니다.

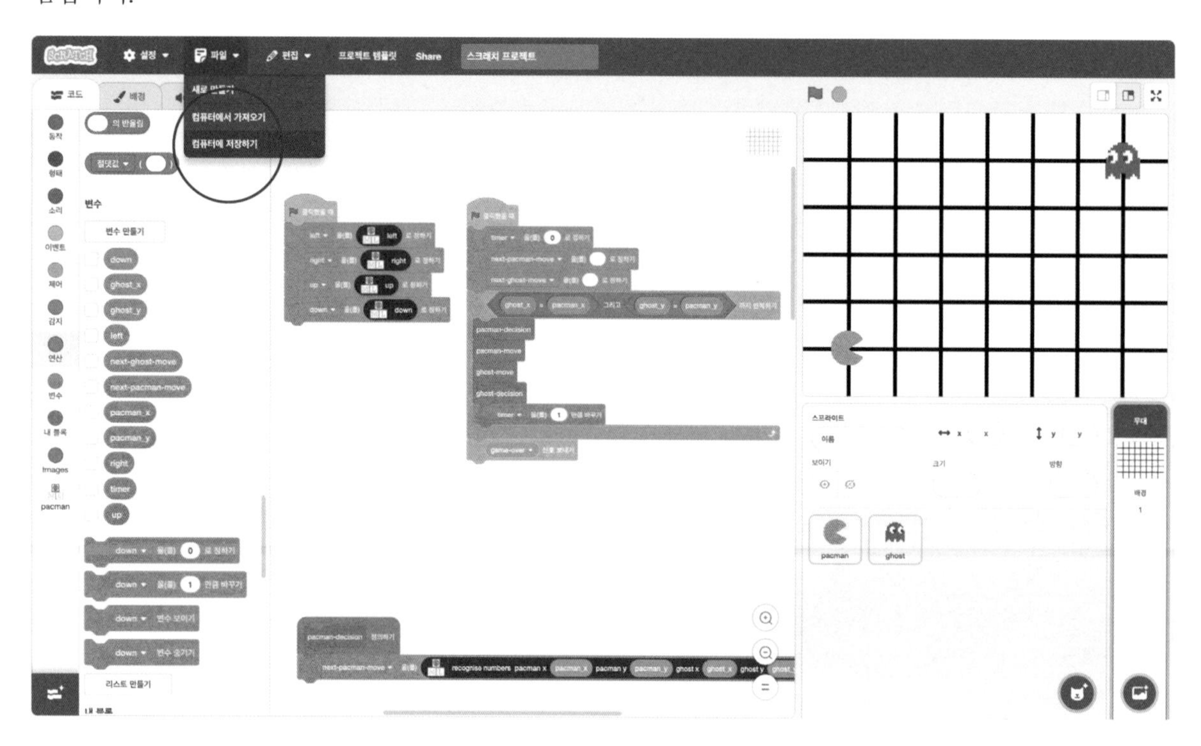

이제 초록색 깃발을 눌러서 인공 지능 컴퓨터가 팩맨 게임을 하는 것을 지켜보세요. 인공 지능 컴퓨터는 팩맨을 잘하나요? 너무 못하진 않나요? 그러면 우리가 더 훈련시켜 줘야 해요!

다시 왼쪽 위에서 '파일', '컴퓨터에서 가져오기' 순서로 눌러서 아까 저장한 'pacman learn'을 불러온 뒤 초록색 깃발을 눌러서 게임을 몇 번 더 합니다. (인공 지능은 여러분의 실력을 따라가기 때문에 게임을 잘하면 잘할수록 인공 지능 컴퓨터도 더 잘하게 돼요.)

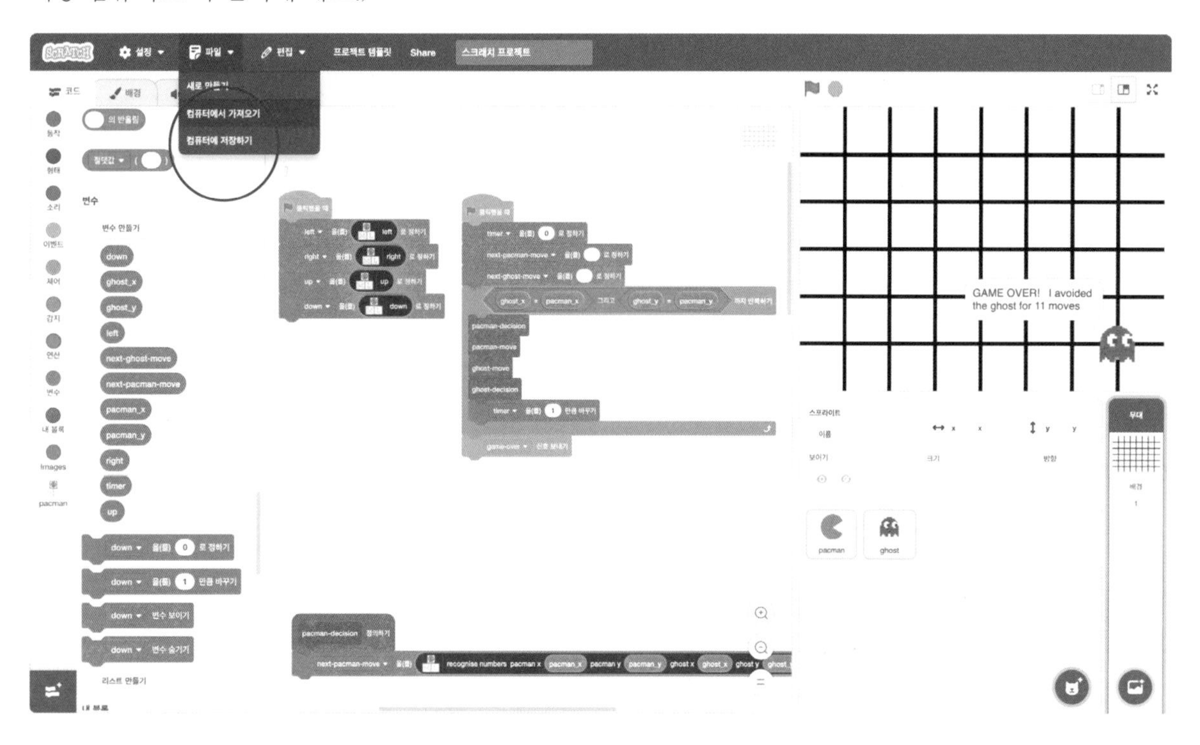

다시 프로젝트 창으로 돌아와서 '학습 & 평가' 버튼을 누릅니다.

그리고 '새로운 머신 러닝 모델을 훈련시켜 보세요.' 버튼을 눌러서 인공 지능 컴퓨터를 훈련시켜 주세요.

그리고 스크래치 창으로 넘어와 '파일', '컴퓨터에서 가져오기' 순서로 눌러서 'pacman play'를 불러온 뒤 초록색 깃발을 클릭해 인공 지능 컴퓨터가 게임을 더 잘하게 됐는지 확인해 주세요.

많이 학습시키니 팩맨이 좀 더 오래 살아남는 것 같네요.

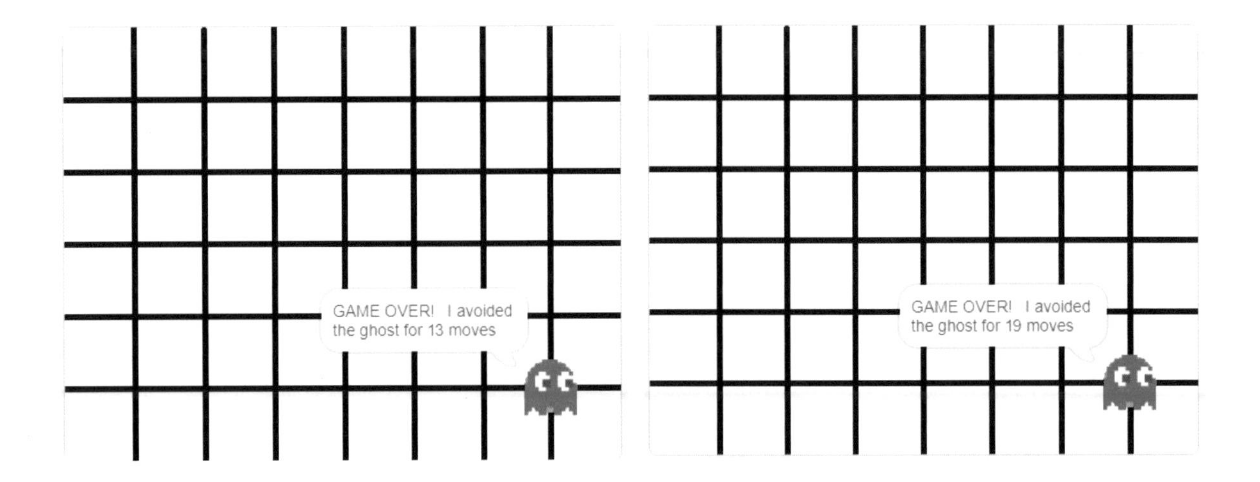

④ 정리하고 생각하기.

인공 지능 컴퓨터에 우리가 「팩맨」 게임을 하는 것을 학습시키고 이를 이용해서 「팩맨」을 하는 인공 지능을 완성했어요. 인공 지능 컴퓨터가 게임을 너무 못한다고요? 그건 우리가 인공 지능 컴퓨터를 충분히 훈련시키지 못했기 때문이에요. 'pacman learn'으로 좀 더 학습시킨 다음 다시 'pacman play'로 인공 지능 컴퓨터가 게임하는 모습을 지켜보세요. 훨씬 더 잘하게 될 거예요! 너무 잘하게 되면 게임이 안 끝나게 될지도 몰라요.

우리가 인공 지능 컴퓨터에 혹시 게임의 방법(룰)을 설명한 적이 있나요? 유령을 피하라고 학습시켰나요? 스크래치 프로그램에는 게임이 만들어져 있지만 인공 지능 컴퓨터에게는 가르쳐 준 적이 없답니다. 어떻게 룰을 아는 듯이 게임을 할까요? 우리의 게임 플레이를 보고 인공 지능이 스스로 학습해서 깨닫기 때문이에요. 그리고 우리가 플레이하는 장면 그 이상의 행동은 하지 않아요. 따라서 제대로 학습시키려면 우리가 게임을 잘해야 한답니다.

이러한 숫자 인식 인공 지능은 어디에 쓰일 수 있을까요? 대표적으로 우리가 방금 했던 게임에 사용될 수 있어요. 우리가 했던 「팩맨」은 인공 지능이 팩맨을 움직이게 했지만 반대로 유령을 조종하게 할 수 있어요. 따라서 좀 더 인간적인 플레이를 하는 '스마트한 적'을 만들 수 있답니다. 상상해 보세요! 싸우면 싸울수록 강해지는 인공 지능 플레이어……. 정말 흥미진진한 게임이 나오지 않을까요?

2 내가 만든 게임의 법칙

1. 나는 누구와 게임을 하고 있을까?

박사님 여러분은 어떤 게임을 하나요?

박사님 재미있다고 생각한 놀이는 어떤 것이 있나요? 지켜야 할 규칙이 있나요? 만약 규칙이 없다면 어떨까요?

소연 더 쉽게 할 수 있어서 재미있을 것 같아요.

승현 그렇지 않아요. 너무 쉬우면 재미없어요.

소연 자원을 모아서 집만 짓는다면 재미없을 것 같아요.

박사님 게임이 재미있으려면 규칙이나 법칙이 필요하겠군요.

승현 친구들과 술래잡기 할 때 새로운 규칙을 만들기도 해요. 술래에게 잡히면 술래와 손을 잡고 있어야 하는데, 그러면 술래가 다른 친구를 잡는 게 힘들어서 잡힌 친구는 벽에 손을 대고 있기로 했어요.

박사님 재미있네요. 술래에게 유리한 부분도 생각했군요. 100개의 게임이 있

다면 100개의 규칙이 있겠지요. 농구와 야구의 규칙이 다르고 슈팅 게임의 규칙과 집짓기 게임의 규칙이 다를 거예요. 규칙은 일종의 약속인데, 그 약속을 지키지 않는다면 게임이 성립될 수 없습니다. 게임이 재미없어지고 게임을 하면서 얻는 성취감도 줄어들 것입니다.

그렇다면 이제 게임의 법칙을 직접 만들어 보는 것은 어떨까요? 너무 어렵지 않으면서 해 냈을 때 기쁨도 있고, 또 게임을 통해 무엇인가를 얻게 된다면 더 게임에 몰입할 수 있지 않을까요? 우선 여러분이 즐겨 하는 게임을 분석하는 것에서 시작해 보도록 합시다.

<table>
<tr><th colspan="4">게임 분석 카드</th></tr>
<tr><td>게임 이름</td><td colspan="3">슈퍼 마리오</td></tr>
<tr><td>게임 종류</td><td colspan="3">멀티 플레이/달리기/보물 획득/피하기</td></tr>
<tr><td>게임 이야기</td><td colspan="3">배관공인 주인공이 공주를 구하기 위해 마왕이 쳐 놓은 함정과
다양한 능력의 악당들을 이겨 나가는 게임</td></tr>
<tr><td>주인공의 특징</td><td colspan="3">콧수염 난 아저씨, 멜빵바지, 모자, 잘 뛴다.</td></tr>
<tr><td rowspan="2">게임 법칙</td><td>악당마다 이겨 내는
방법이 다름</td><td>몸으로 부딪히기</td><td>버섯을 먹으면
커지거나 작아짐</td></tr>
<tr><td>단계별 난이도</td><td>지도의 모든 곳을
정복하면 마지막 보스 등장</td><td>목숨이 정해져 있음</td></tr>
</table>

※ 게임 분석 카드 예시

박사님 많은 게임이 한정된 시간 안에 목표를 이루어야 하는 법칙을 만들어 두었어요. 왜 그럴까요?

소연 시간이 정해져 있어서 빨리빨리 진행돼요.

승현 정해진 시간에 끝나니까 쉬는 시간에 친구들과 할 수 있어요.

박사님 게임이 진행될수록 자신의 캐릭터가 변화하게 됩니다. 능력이 향상되거나 아이템을 얻거나 전혀 다른 캐릭터로 변형되기도 하지요. 게임을 하는 사람은 변하지 않는데, 캐릭터는 성장하고 변하는 것입니다. 여러분은 변화하는 캐릭터를 어떻게 생각하나요?

소연 성장하지 않으면 재미가 없어요. 새로운 능력이 생겨야 다음 단계를 이겨 낼 수 있거든요.

승현 좋은 장비나 예쁜 옷을 입히는 것이 재미있어요. 엄마는 옷을 잘 안 사주시는데, 저는 캐릭터에게 이것저것 잘 사주는 좋은 주인이에요. 물론 그러려면 어려운 일을 많이 이겨 내야 하지만요.

박사님 그렇군요. 캐릭터도 일을 해야 **아이템(item)**을 얻을 수 있군요. 과제를 잘 수행하면 보상이 주어집니다. 여러분은 어떤 보상을 원하나요?

소연 돈이요. 캐릭터를 성장시킬 수 있어요.

승현 **희귀 아이템**이요. 돈으로 살 수 없는 것도 있어요.

박사님 희귀한 아이템은 어떻게 얻게 되나요?

소연 열심히 하면 돼요.

승현 열심히 하다가 우연히 상위 단계 캐릭터를 만나서 이겨야 해요. 아니면 숨겨진 보물을 찾아요.

박사님 우연히 찾아지기도 하는군요. 하지만 확률을 따진다면 더 많이, 오랜 시간 게임을 했을 때 찾아지겠네요. 물론 기술도 중요하겠고요.

박사님 캐릭터는 어떻게 자신을 성장시키나요?

소연 싸워서 많이 이기면 돼요.

승현 상대를 이길 때마다 기술이 새로 생겨요.

박사님 단순하네요. 다른 방법은 없을까요? 단계를 발전시킬 때 여러분도 함께 성장할 수 있는 방법은 어때요?

소연 단계별로 문제를 풀 수도 있어요. 올바른 공식으로 조각을 맞추거나 몸 동작을 정확히 해야 단계를 올리는 방법이요.

박사님 재미있겠는데요? 게임을 하면서 게임을 하는 사람이 성장하는 새로

운 게임도 만들어 낼 수 있겠어요. 이번에는 이벤트에 대해 말해 볼까요? 게임을 하는 도중에 일어나는 이벤트는 게임의 즐거움을 배가시키고 더 몰입할 수 있도록 하겠지요.

소연 같이 게임을 하는 사람들과 게임 속에서 모여서 이야기하는 것도 좋아합니다.

승현 신비한 동물이 나와서 새로운 아이템을 주는 것도 좋을 것 같습니다.

박사님 조작 방법은 어때요?

소연 한 가지 동작을 오래 하면 손목이 아플 수 있으니까 단계를 올릴 때마다 바꾸는 것은 어떨까요?

승현 그러면 조작 방법이 헷갈릴 거예요. 조작이 어려워지면 게임에 흥미를 잃을 수도 있어요.

박사님 많은 게임이 조이스틱, 버튼, 커서, 알파벳 키, 단축키 등 손으로 조작하기 쉽고 동작을 효율적으로 할 수 있는 조작 방법을 주로 적용시키고 있지요. 하지만 몸을 움직여서 조작하는 게임도 있어요. 근력을 키우고 살을 빼는 목적으로 게임을 합니다. 비록 컴퓨터 게임이지만 집에서 혼자 하기보다는 친구들과 운동을 하면서 같이 즐길 수 있는 게임도 있어요. 이런 게임에는 **동작 인식 기술**이 적용됩니다. 동작 인식 기술이란, 컴퓨터가 열, 거리, 좌표 등 여러 가지 데이터로 대상의 위치를 파악하는 기술입니다.

박사님 여러분은 어떤 이야기와 캐릭터를 좋아하나요?

소연 모험이요. 괴물을 물리치면서 보물을 찾는 것입니다.

승현 직업 게임이요. 캐릭터를 성장시켜서 원하는 직업을 갖도록 하는 것입니다.

박사님 다양한 게임이 있군요. 만약 여러분이 게임을 만든다면 어떤 게임을 만들고 싶은가요? 처음부터 너무 복잡하지 않아도 돼요. 게임을 통해 무엇을 얻게 될지 정하고 흥미로운 세계관과 이야기, 그리고 캐릭터를 정합니다. 물론 여기에 게임의 규칙도 들어가야겠지요. 이제 여러분만의 게임을 만들어 볼까요?

사고력과 창의력 키우기

어떤 게임을 만들어서 사람들에게 보여 줄지 정하는 사람을 **게임 기획자**라고 합니다. 사람들이 어떤 게임을 좋아하고 원하는지를 파악하고 새로운 게임의 아이디어를 내어 기획서를 만듭니다. 게임의 장르, 이 게임을 하게 될 사람들에 대한 연구, 게임의 난이도, 스토리, 캐릭터의 특징 등 거의 모든 부분을 기획합니다. 기획 의도에 맞게 게임의 그래픽, 음악, 대사 등 세부적인 부분도 정합니다. 그리고 게임이 완성되면 홍보, 배급에 대한 계획도 세웁니다. 게임 기획자가 되기 위해서는 다양한 문화에 관심이 있어야 하고, 다른 사람들과 소통을 잘하여야 합니다. 새롭고 흥미로운 게임을 만들겠다는 의지가 가장 중요할 것입니다. 여러분이 게임 기획자라면 어떤 게임을 만들고 싶은가요?

사고력과 창의력 키우기

게임 속의 신비로운 동물들, 장비들, 장소는 어떻게 만들어진 것일까요? 상상력으로 꾸며진 세상과 그 속에서 현실처럼 사는 캐릭터의 모습은 게임을 더욱 실감 나게 만들어 줍니다. 게임 속 캐릭터는 그림으로만 존재하는 것이 아니라 생생한 이야기를 담고 있습니다. 어디에 살고 무엇을 먹으며 어떤 특별한 능력이 있는지 자세히 묘사되어 있습니다. 여러분의 세상 속에서 살아 있는 캐릭터를 한 번 만들어 볼까요?

■ 활동 1 게임 기획하기

자신이 게임 제작자가 되었다고 생각해 봅시다. 어떤 게임을 만들어 볼까요?

① 준비: 게임을 만드는 데는 많은 사람들이 필요합니다. 그림을 잘 그리는 그래픽 디자이너, 게임을 실제 실행해서 아바타와 적을 움직이게 하는 프로그래머, 그리고 어떤 게임을 만들지 계획하는 게임 기획자가 필요합니다. 이번에는 여러분이 게임 기획자가 되어 어떤 게임을 만들지 간단하게 기획하기로 해요.

② 다음 게임 법칙 카드를 자유롭게 작성해 보세요.

게임법칙카드	
캐릭터의 목표	
캐릭터의 무기 혹은 능력	
캐릭터의 약점	
악당 혹은 극복해야 하는 세계의 법칙	
극복 방법(게임의 방법)	
보상	

③ 정리하고 생각하기.

자신이 작성한 게임 법칙 카드를 친구에게 보여 주세요. 잘 모르겠다고 하지요? 컴퓨터 게임이라는 것은 모니터에 이미지(그래픽)와 소리(사운드)로 표현되기 때문에 글보다는 그림으로 설명하는 게 더 효과적입니다. 그림을 그려서 게임 법칙 카드에 넣어 보세요. 이렇게 하면 하나의 게임 기획서가 작성되어 그래픽 디자이너와 프로그래머가 게임을 만들 수 있게 됩니다.

7부

직업의 세계

1 우리는 어떤 일을 하며 살아갈까요?

1. 어디에서나 인공 지능 로봇이 함께해요

박사님 여러분 오늘은 주변에서 볼 수 있는 인공 지능 로봇을 살펴보려고 합니다. 혹시 직접 본 인공 지능 로봇이 있나요? 들어본 것도 좋아요.

승현 박사님, 저는 뉴스에서 인공 지능 로봇 자판기를 본 적이 있어요.

그런데 신기한 것이 자율 주행까지 한다고 했어요.

박사님 자율 주행 로봇 자판기를 본 것이군요! 정확히 말하면 인공 지능을 탑재한 자율 주행 로봇 자판기입니다. 최근 '코로나19'라는 새로운 바이러스가 전 세계적으로 확산되면서 싱가포르에서 등장한 로봇이에요.

코로나19 바이러스 때문에 사람들은 마스크를 쓰고, 사람들과 거리두기를 하죠? 이 로봇은 지정하는 장소로 식품은 물론 의료 기기, 의료 장비도 배달해 줘서 사람들의 접촉을 막아 준답니다. 자연스럽게 감염자를 줄여 주는 역할을 하겠죠.

소연 박사님, 그런데 식품은 어떻게 구매할 수 있나요?

박사님 로봇 앞에 서서 물건을 보여 주면 자동으로 구매를 할 수 있습니다. 얼굴 인식용 스캔 기능이 탑재되어 있기 때문이에요. 이뿐만 아니라 장애물이 있으면 지능적으로 피해 가기도 한답니다.

승현 박사님, 주행 로봇 자판기가 있으면 굳이 편의점을 가지 않아도 될 것 같아요!

박사님 그래요. 편리한 것을 더 많이 이용하겠죠?

바로 그 점 때문에 문제가 되기도 해요.

물론 최근 생겨난 바이러스 때문에 등장한 로봇이긴 하지만 이전에도 무인화 로봇의 비율은 점점 늘어나고 있었습니다. 사람들은 줄을 서서 점원에게 주문을 하는 것보다 무인 자판기에서 바로 주문을 하는 것을 좋아합니다.

이런 분위기가 계속된다면 사람들의 일은 로봇들이 대신하게 되지 않을까요? 그렇다면 사람들이 일을 계속하면서 로봇들에게 도움을 받으려면 어떻게 해야 할까요?

로봇이 사람이 할 수 없는 일을 대신해 주거나 보조 역할을 하는 방법이 있

습니다. 또 다른 좋은 사례도 있습니다. 바로 재활용 분리 수거 자판기 **네프론**인데요. 네프론은 페트병, 캔 등 재활용할 수 있는 쓰레기를 넣으면 바로 현금으로 보상해 주는 '무인 회수기'예요. 이 로봇은 인공 지능 기술을 탑재하고 있어서 재활용 쓰레기를 인식하고, 스스로 분류도 하는 아주 똑똑한 자판기입니다. 이뿐만 아니라 압축, 보상 지급까지 30초 내로 빠르게 처리해 주고, 재활용 쓰레기 1개당 페트병은 5원, 캔은 7원의 보상도 해 준답니다. 지금처럼 사람이 재활용 쓰레기를 처리하는 것에 비해서 빠르고 효율적이에요. 덩달아 재활용률도 올라가고, 재활용에 대한 사람들의 의식도 높아질 거예요. 이것이 바로 사람과 기술이 협력해서 만들어 가는 편리하고 안전한 새로운 문화가 아닐까요?

네프론이란?
자원 순환을 위한 인공 지능 무인 회수기이며, 투입구에 빈 캔이나 페트병을 넣으면 인공 지능 센서가 자동으로 선별하고, 압축한 후 보관합니다.

2. 무인화 세상

박사님 여러분, 햄버거 가게에 가서 커다란 기계를 누르며 주문해 본 적이 있나요?

소연 예, 커다란 기계에 손가락으로 누르면서 주문을 한 적 있어요.

박사님 소연이는 직접 해 봤군요!

그 커다란 기계는 **무인 키오스크(kiosk)**라고 합니다. 공공 장소에 터치스크린이 설치되어 있어서 누구나 쉽게 이용할 수 있어요. 무인 키오스크는 이제 어느 곳에서나 쉽게 볼 수 있는데요. 사람에게 시키는 것보다 기계에게 시키는 것이 비용이 덜 들기 때문이에요. 그래서 편의점, 주차장, 패스트푸드 가게 등 무인화 가게가 점차 자리를 잡아 가고 있어요.

무인 키오스크란?
대중이 쉽게 이용할 수 있도록 공공 장소에 설치되어 있는 무인 단말기를 말합니다. 각종 상품, 시설물의 이용 방법, 인근 지역에 대한 관광 정보와 같은 편의를 제공합니다.

무인화 가게가 생소하게 느껴질 수 있겠지만 우리는 예전부터 비슷한 것을 사용하고 있었답니다. 바로 '자판기'입니다. 사람의 손을 빌려서 상품을 판매하지 않는다는 공통점이 있는데, 다만 기술이 한 발자국 더 나아간 것이에요. 우리나라에는 1977년에 처음으로 지하철에 커피 자판기가 등장했어요.

현재는 무인화를 좋아하는 사람들이 많아지면서 음료뿐만 아니라 의류, 화장품, 식품 등 다양한 곳에 무인화가 퍼지고 있습니다. 여행지의 날씨를 파악하지 못한 여행객들을 위해 옷을 구매할 수 있는 자판기부터 헌책방 사장이 추천해 주는 책을 무작위로 판매하는 **설렘 자판기**도 있습니다.

설렘 자판기란?
고양시에 위치한 책 자판기이며, 잊혀 가는 헌책방을 지키는 좋은 취지의 책 자판기입니다.

미국에서는 자판기를 넘어서 무인 슈퍼마켓이 등장했는데요. 세계 최초의 무인 매장 **아마존 고(Amazon Go)**는 겉으로 보기에는 다른 슈퍼마켓과 다를 바 없지만 특별한 세 가지 요소가 있습니다. 바로 '기다리는 줄', '지불 과정', '점

원'이 없다는 것이죠.

빠른 속도와 비용 절감이라는 장점이 있지만 무인화에 대한 불편함을 호소하는 사람들도 있습니다. 간단하게 배를 채우기 위해 햄버거 가게에 들어갔더니 이것저것 누르라고 하는 키오스크 기계가 오히려 불편하고, 시간도 오히려 오래 걸린다는 것이지요.

사실 무인 키오스크 시스템이 익숙하지 않은 사람에게는 불편할 수도 있겠죠. 간단하게 점원을 통해서 물어보고, 주문을 할 수 있었던 것을 기계를 통해야 하니까 어렵고, 불편할 수 있습니다. 이런 상황을 줄이기 위해서는 어떻게 해야 할까요?

승현 사람과 무인화 기계가 함께 일을 하면 되지 않을까요?

기계가 어려운 사람은 점원을 통해서 구매할 수 있으니까요!

박사님 좋은 생각입니다. 물론 무인화 기계가 편리하고, 비용 절감도 되지만 사람의 손이 필요한 곳은 많답니다. 무인화 기계와 협력하며 일하면 정말 좋겠죠?

아마존 고란?

세계 최초의 무인 매장을 말합니다. 인공 지능과 같은 첨단 기술이 활용되며, 사용 방법은 소비자가 스마트 폰에 앱을 내려받고, 매장에 들어가 상품을 고르기만 하면 연결된 신용 카드로 비용이 청구됩니다.

사고력과 창의력 키우기

최근 무인화 기계가 늘어나면서 아이스크림 자판기도 등장했습니다. 직원의 도움 없이도 24시간 아이스크림을 먹을 수 있어서 무척 편리해요. 여러분은 무인화 기계를 사용한 경험이 있나요? 사용했을 때 편리하다고 느꼈나요? 아니면 어렵고 불편했나요? 무인화 기계가 어땠으면 좋겠는지 함께 이야기해 봐요. 자신의 경험을 생각해 보면서 무인화 기계가 늘어나는 것에 찬성하는지 반대하는지 이야기해 봅시다.

사고력과 창의력 키우기

여러분은 무인화 기계에서 무엇을 사고 싶나요? 의류, 식품은 물론이고, 꽃, 공기를 파는 기계도 좋습니다. 자유롭게 상상하며 이야기해 봅시다.

■ 활동 1 여행자 정보 봇 만들기

인공 지능 컴퓨터에 사람들의 관심사에 따라 정보를 추천하는 법을 학습시켜서 여행자 정보 봇을 만들어 볼 거예요.

① 준비: 컴퓨터(노트북)로 인공 지능 컴퓨터를 훈련시킬 준비를 합니다. 인공 지능을 훈련시키기 위해 https://machinelearningforkids.co.uk/ 에 접속하세요.

② 먼저 여행자 정보 모바일 앱을 만들어 보겠습니다. 프로젝트 하나를 만들어 주세요. 인식 방법은 '텍스트', 언어는 'Korean'으로 해 줍니다.

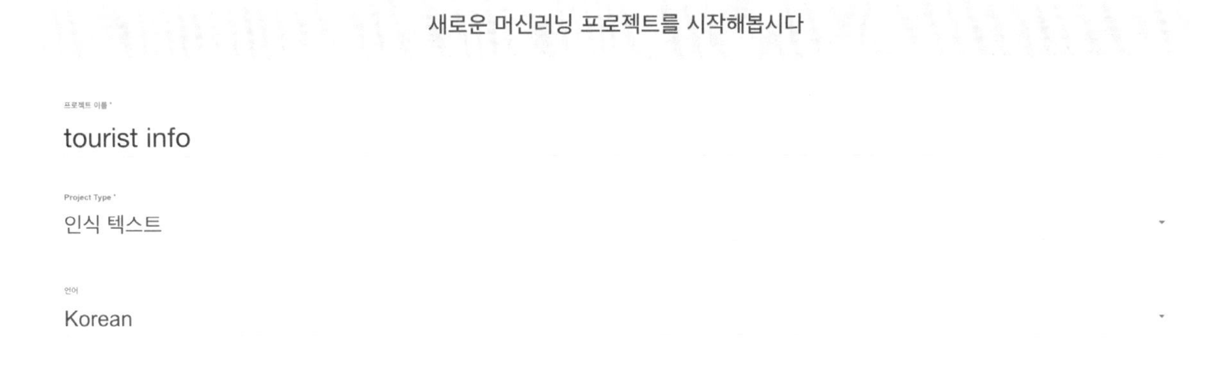

만들어진 프로젝트를 확인하고 클릭해 주세요.

당신의 머신러닝 프로젝트

프로젝트 추가 Copy template

tourist info

인식 텍스트

'만들기' 버튼을 누른 다음 '스크래치 3'을 선택합니다.

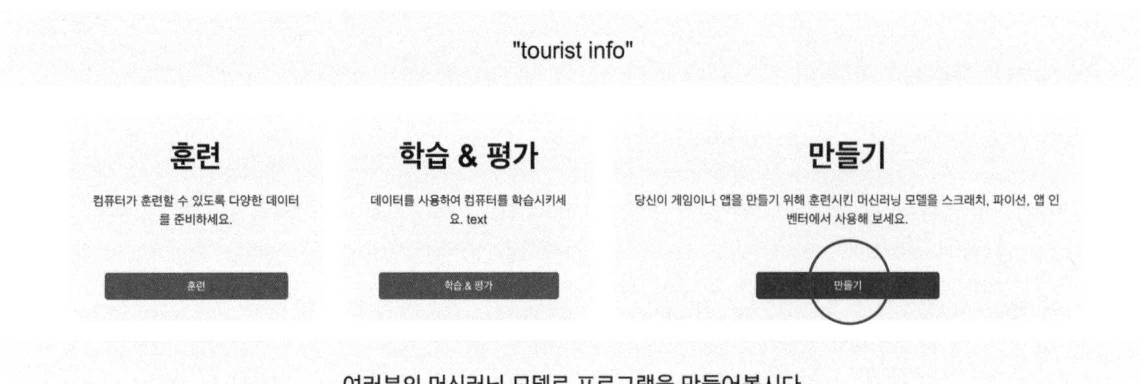

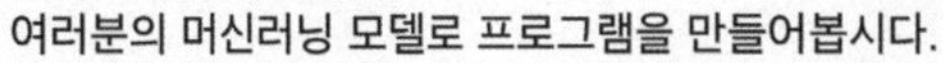

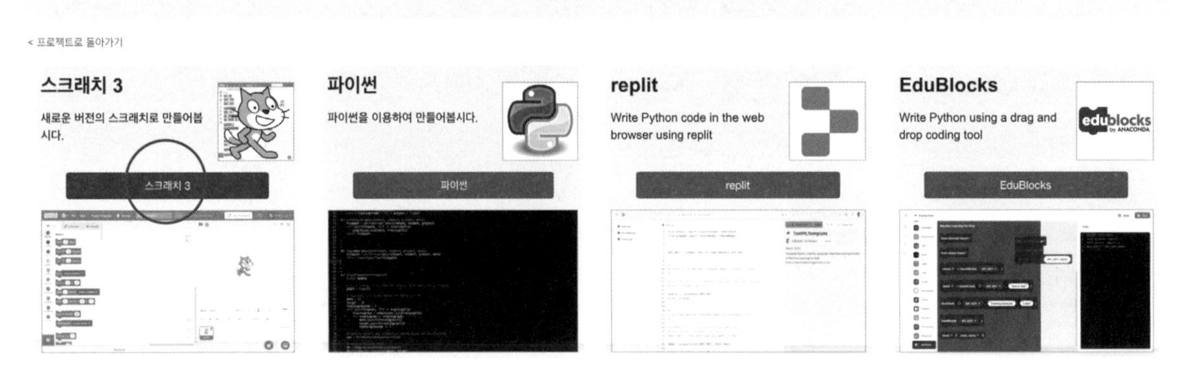

아직 인공 지능 컴퓨터를 만들지 않았지만 '스크래치' 버튼을 눌러서 시작합니다.

스크래치 3에서 머신러닝 사용하기

< 프로젝트로 돌아가기

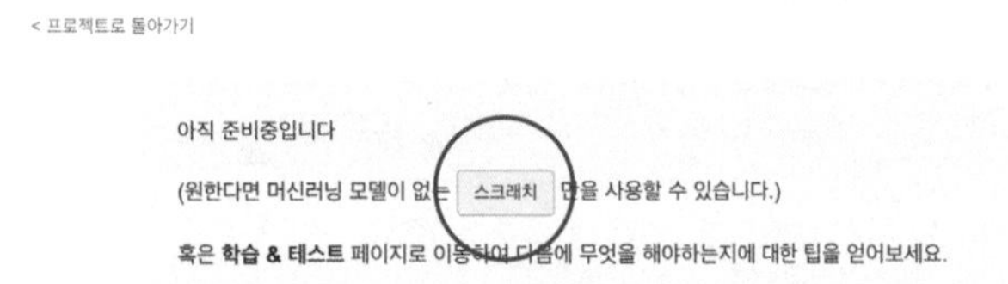

왼쪽 위의 '프로젝트 템플릿'을 클릭하여 '여행자 정보(easy)' 템플릿을 선택합니다.

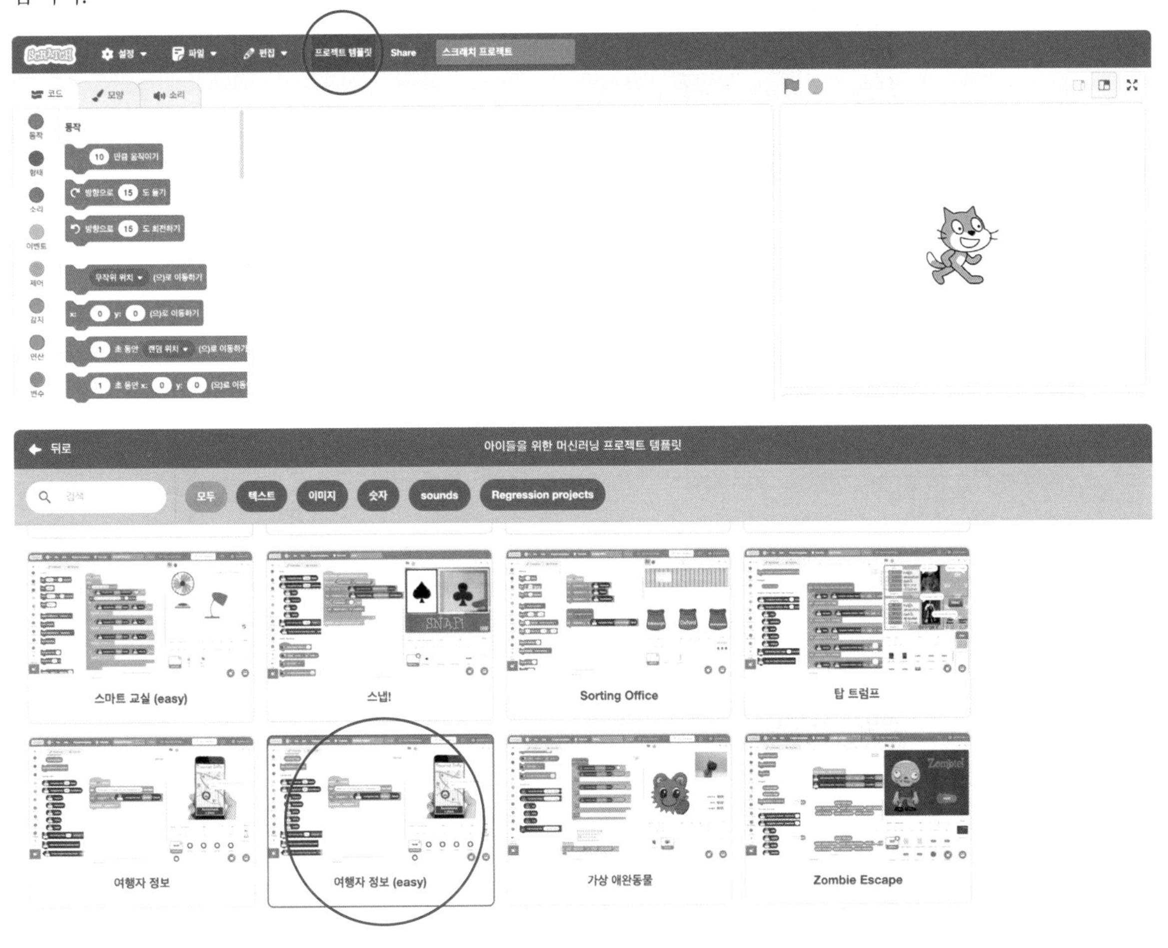

초록색 깃발을 클릭해서 앱을 시작해 봅니다. (휴일에 하고 싶은 일에 대한 설명을 입력하고 엔터 키를 눌러 주세요.)

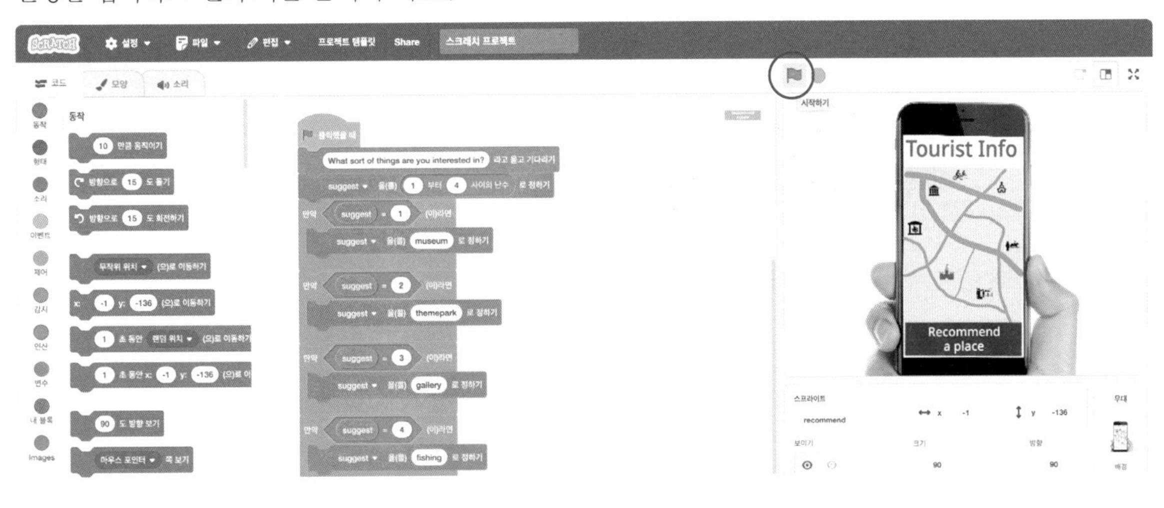

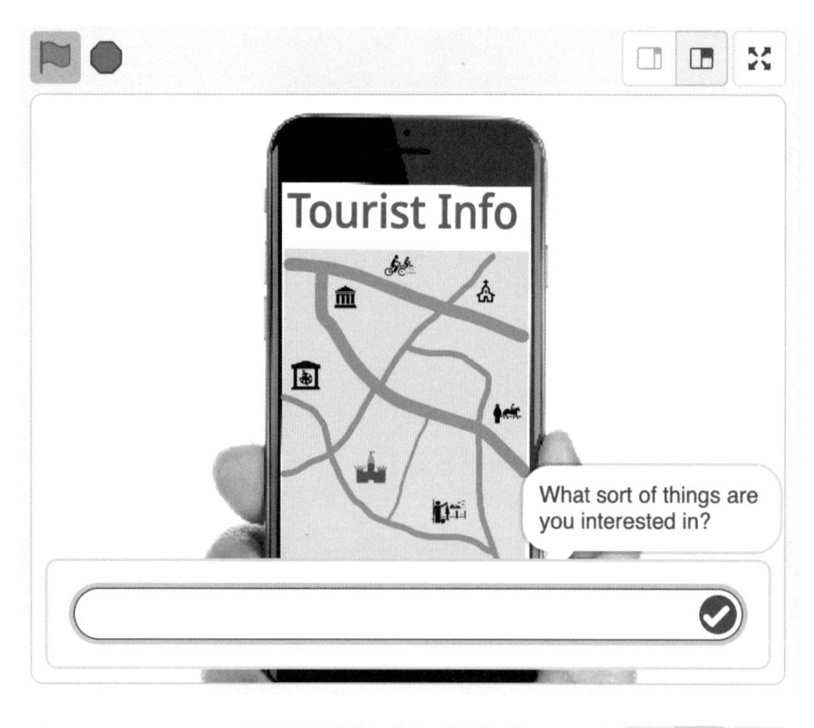

왼쪽 위에 있는 초록 깃발을 클릭해 주세요.

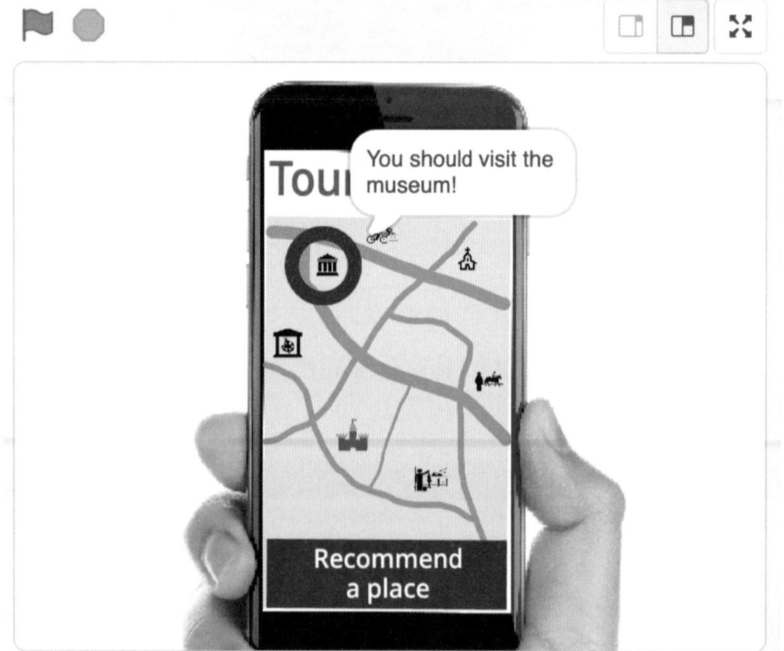

비록 영어로 나오기는 하지만 적당히 네 곳 중에 한 곳을 추천해 주는 것을 볼 수 있어요. 하지만 다음 코드 블록을 보면 알겠지만 이 앱은 우리가 한 말에 대한 최선의 추천을 해 주는 것이 아니라 그와 상관없이 무작위로 선택해서 추천해 주고 있어요.

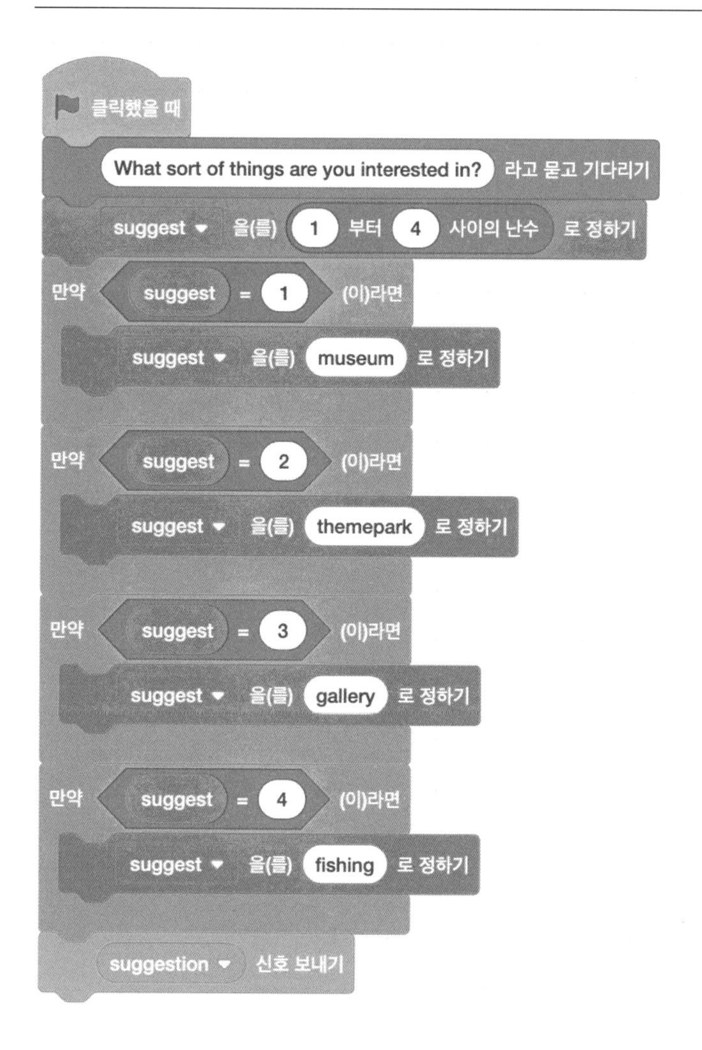

우리가 인공 지능 컴퓨터를 이용해서 최적의 추천을 해 줄 수 있도록 만들어 줘야 해요.

인공 지능 컴퓨터를 만들겠습니다.

스크래치 창을 닫고 '프로젝트로 돌아가기'를 누른 후 '훈련' 버튼을 눌러서 인공 지능 컴퓨터 훈련에 들어가 주세요.

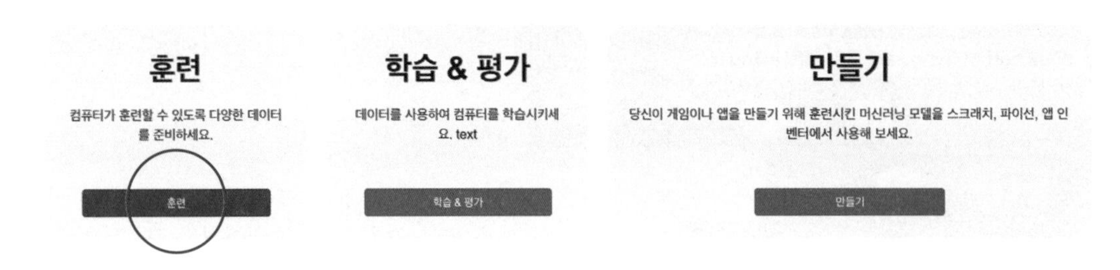

'+새로운 레이블 추가' 버튼을 눌러서 'museum'(박물관), 'themepark'(놀이동산), 'gallery'(미술관), 'fishing'(낚시터) 이렇게 4개의 레이블을 추가해 주세요. (한글로는 만들 수 없으니 반드시 영어로 해 주세요.)

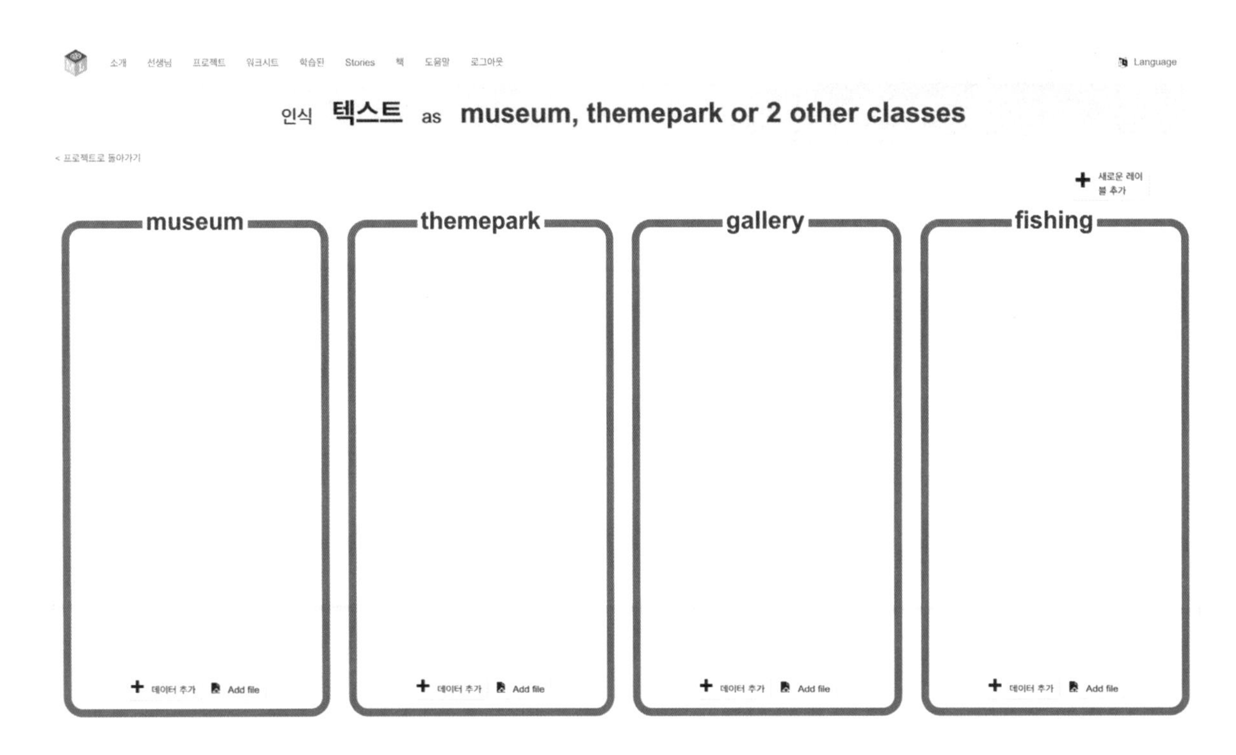

각각의 레이블에 '데이터 추가' 버튼을 눌러서 각 레이블 이름의 장소에 방문하려는 관광객이 말할 수 있는 내용을 추가해 주세요. 아래의 그림과 같이 각 레이블당 최소 5개의 샘플 데이터를 추가합니다.

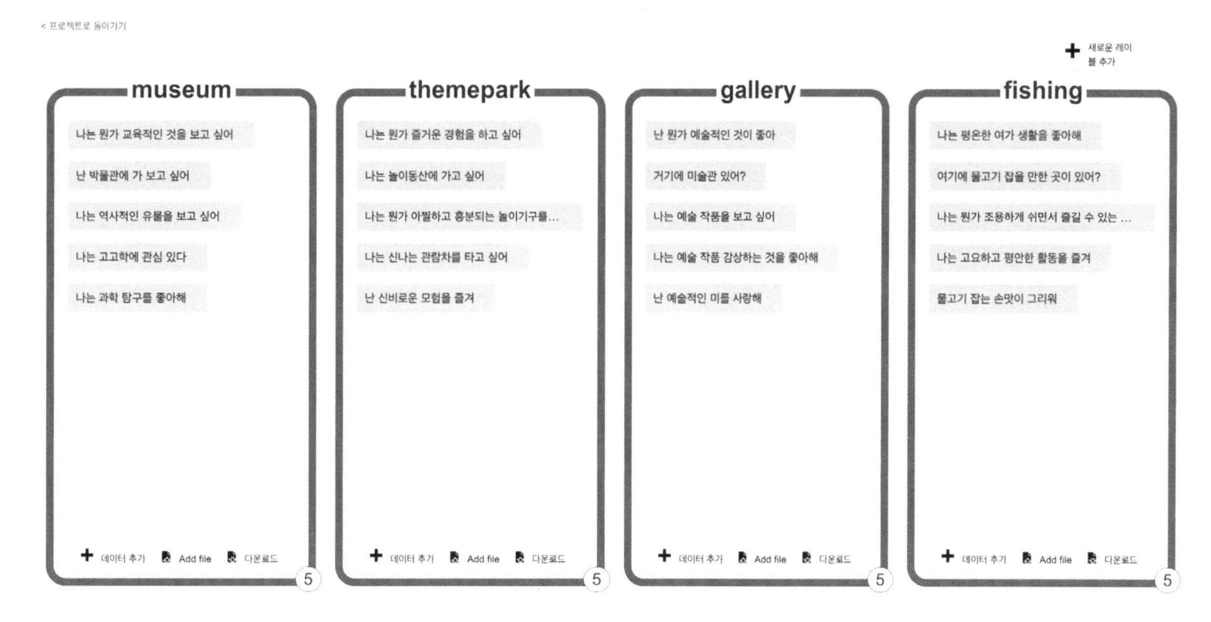

'프로젝트로 돌아가기'를 누른 후 '학습 & 평가' 버튼을 눌러서 학습 페이지로 옵니다.

"tourist info"

훈련

컴퓨터가 훈련할 수 있도록 다양한 데이터를 준비하세요.

훈련

학습 & 평가

데이터를 사용하여 컴퓨터를 학습시키세요. text

학습 & 평가

만들기

당신이 게임이나 앱을 만들기 위해 훈련시킨 머신러닝 모델을 스크래치, 파이선, 앱 인벤터에서 사용해 보세요.

만들기

'새로운 머신 러닝 모델을 훈련시켜 보세요' 버튼을 눌러서 인공 지능 컴퓨터를 훈련시킵니다. (몇 분 정도 소요될 수 있어요).

머신 러닝 모델

< 프로젝트로 돌아가기

무엇을 하고 있나요?

다음의 문자를 컴퓨터가 인식하기 위해 여러분은 데이터를 모았습니다. museum, themepark or 2 other classes.

여러분이 수집한 데이터:

- 5 examples of museum,
- 5 examples of themepark,
- 5 examples of gallery,
- 5 examples of fishing

다음은?

컴퓨터를 학습시킬 준비가 되었나요?

머신러닝 모델 만들기 시작 버튼을 눌러 여러분이 모은 데이터로 모델을 만들어보세요.

(혹은 훈련 페이지로 이동하여 더 많은 데이터를 모아보세요.)

트레이닝 컴퓨터 정보:

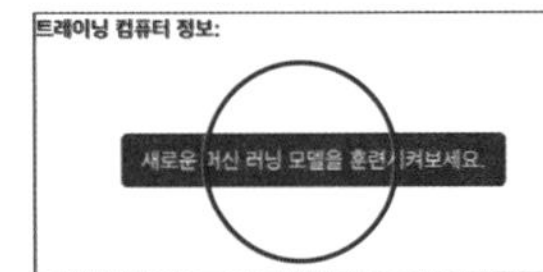

교육이 완료되면 테스트 상자가 표시됩니다.

가상의 여행자 희망 사항을 입력하고 '테스트' 버튼을 눌러 보세요. 샘플 데이터로 쓰지 않은 문장을 입력해 보세요. 그러면 인공 지능 컴퓨터가 제대로 훈련이 되었는지 알 수 있어요. 인공 지능 컴퓨터의 답변이 마음에 들지 않는다면 '훈련' 페이지로 돌아가서 샘플 데이터를 더 추가해야 합니다.

머신 러닝 모델

< 프로젝트로 돌아가기

무엇을 하고 있나요?

여러분의 머신러닝 모델이 완성되었으며, 다음을 인식할 수 있습니다: museum, themepark or 2 other classes.

여러분이 인공지능 모델을 만든 시각: Monday, April 22, 2024 3:10 PM.

여러분은 아래와 같이 데이터를 수집하였습니다:

- 5 examples of museum,
- 5 examples of themepark,
- 5 examples of gallery,
- 5 examples of fishing

다음은?

아래의 머신러닝 모델을 테스트 해보세요. 훈련에 사용한 예문에 포함시키지 않은 텍스트 예제를 입력하십시오. 이것이 어떻게 인식되는지, 어느 정도 정확한지 알려줍니다.

컴퓨터가 사물을 올바르게 인식하는 법을 배웠다면, 스크래치를 사용해서 컴퓨터가 배운 것을 게임에 사용해봅시다!

컴퓨터가 많은 실수를 한다면 훈련페이지로 가서 더 많은 예제 데이터를 모아봅시다.

일단 완료하면 아래의 버튼을 클릭하여 새로운 머신러닝 모델을 학습하고, 추가한 예제 데이터가 어떤 차이를 만드는지 확인해봅시다!

여러분의 모델이 잘 학습되었는지 확인하기 위해 문자를 넣어보세요.

나는 예술적인 사람이야 [테스트]

gallery(으)로 인식되었습니다.
with 95% confidence

인공 지능 컴퓨터를 통해 맞춤식 추천을 할 수 있도록 텍스트 인식을 위한 인공 지능 컴퓨터 훈련을 마쳤습니다. 우리는 추천하는 규칙 대신 여행자의 희망 사항 등을 예제로 입력하여 인공 지능 컴퓨터가 규칙을 습득하도록 한 거예요. 인공 지능 컴퓨터는 단어 선택, 문장 구조와 같은 주어진 예의 패턴을 통해 학습한답니다. 자 이제 우리는 추천할 장소를 결정할 수 있어요.

'프로젝트로 돌아가기'를 누른 후 '만들기' 버튼을 누른 다음 '스크래치 3'을 선택합니다.

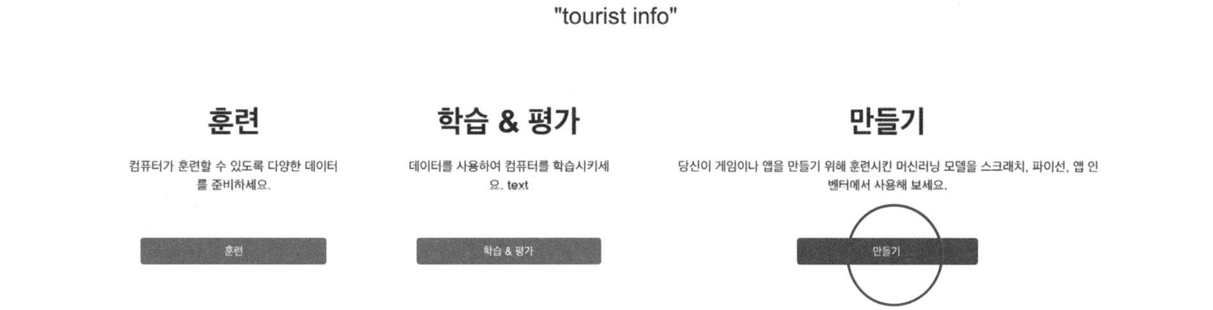

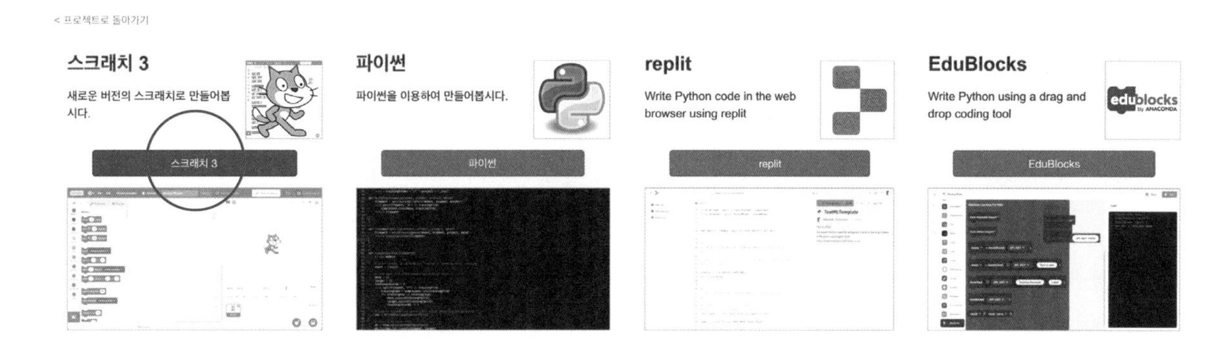

왼쪽 위의 '프로젝트 템플릿'을 클릭하여 '여행자 정보 (easy)' 템플릿을 선택합니다.

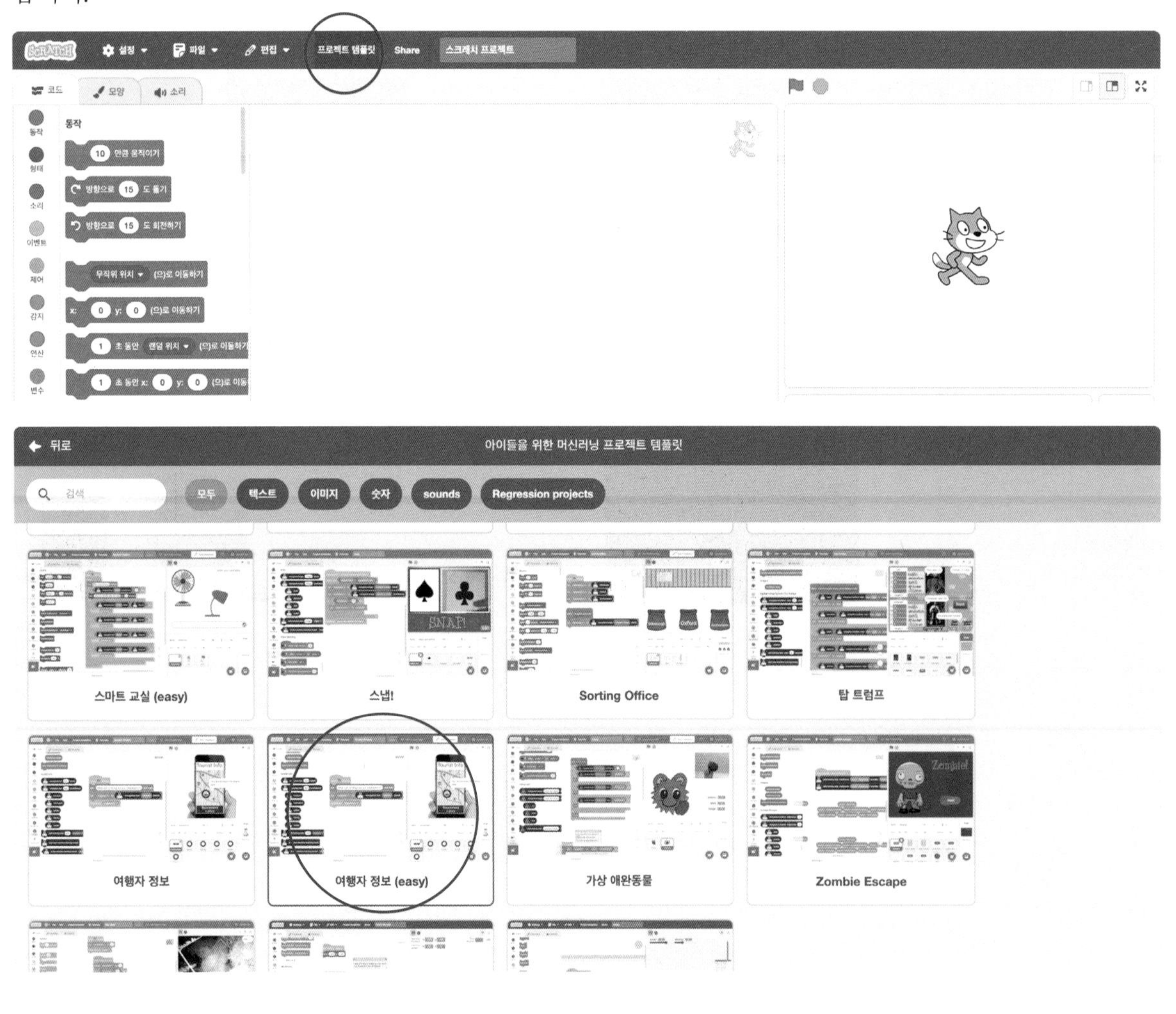

'recommend' 스프라이트를 누른 후 'tourist info' 블록에서 사용할 수 있는 코드 블록을 확인합니다.

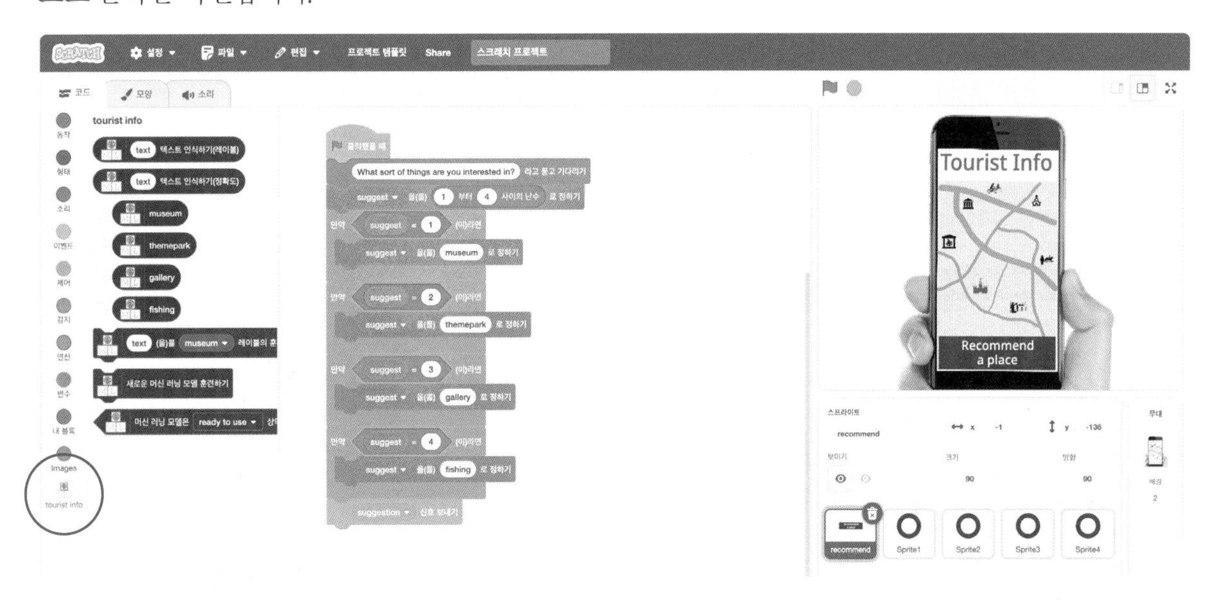

그리고 코드 블록을 아래 그림과 같이 수정합니다.

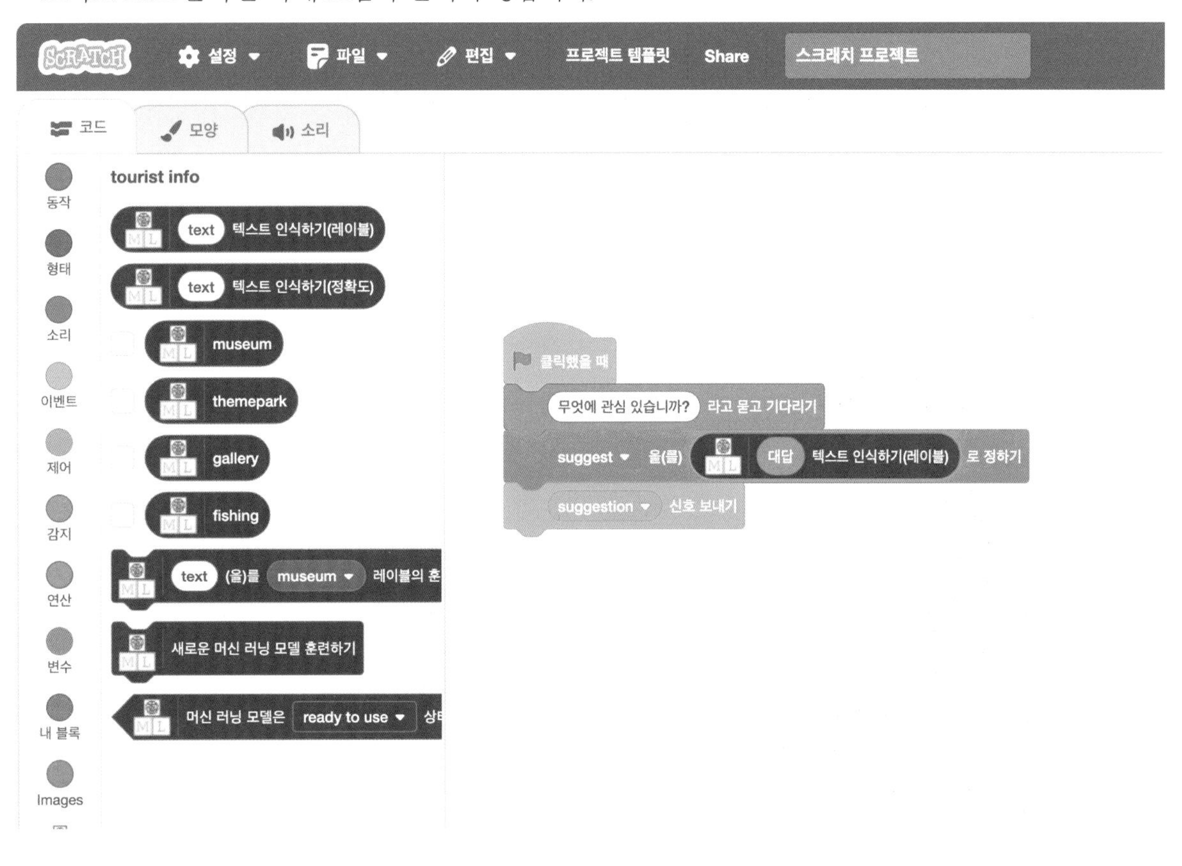

('무엇에 관심 있습니까?' 하고 처음에 메시지를 띄운 다음 사용자가 희망 사항들을 입력하면 그 문장을 토대로 무작위로 여행지를 추천하는 것이 아니라 인공 지능 컴퓨터가 분석하여 제일 비슷한 레이블을 지정하고 프로그램은 'suggestion'으로 신호를 보내서 추천 여행지를 고르는 작업을 합니다.)

'Sprite1' 스프라이트를 클릭하고 'suggestion' 코드 블록을 찾아 주세요.

그리고 아래와 같이 수정합니다.

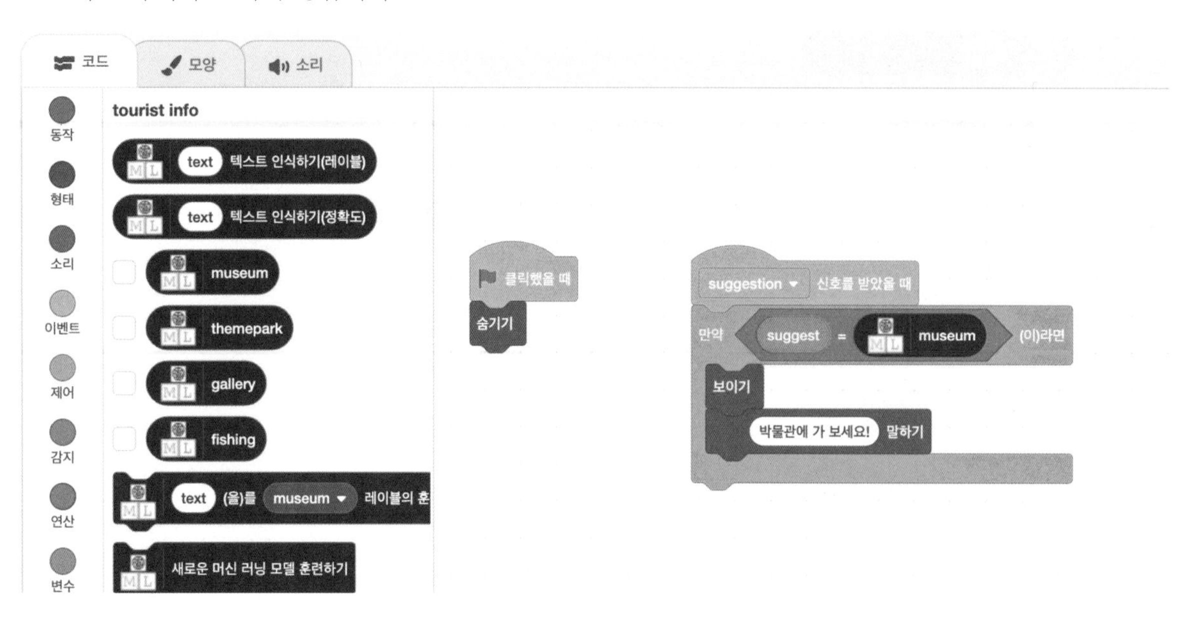

(신호로 넘어온 'suggest'가 'museum' 레이블을 반환했다면 '박물관에 가 보세요!'라고 대답해 줍니다.)

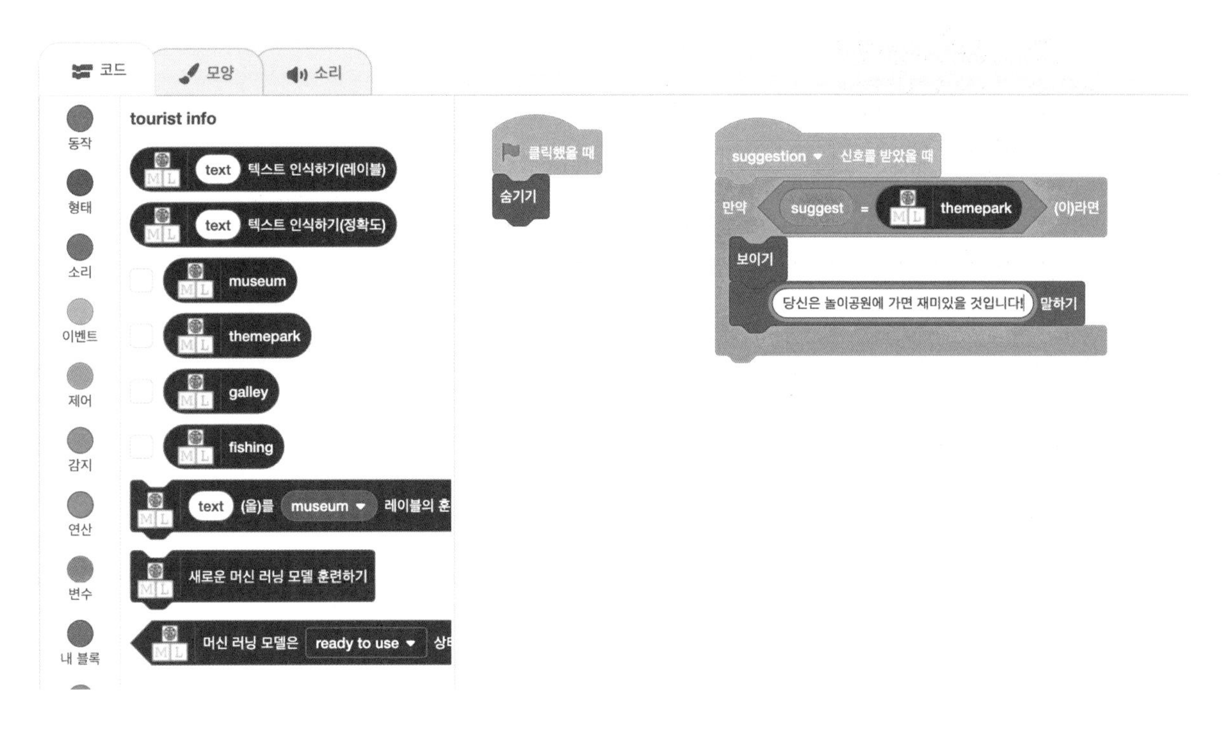

이제 'Sprite2', 'Sprite3', 'Sprite4'를 클릭하여 아래의 그림과 같이 변경해 줍니다.

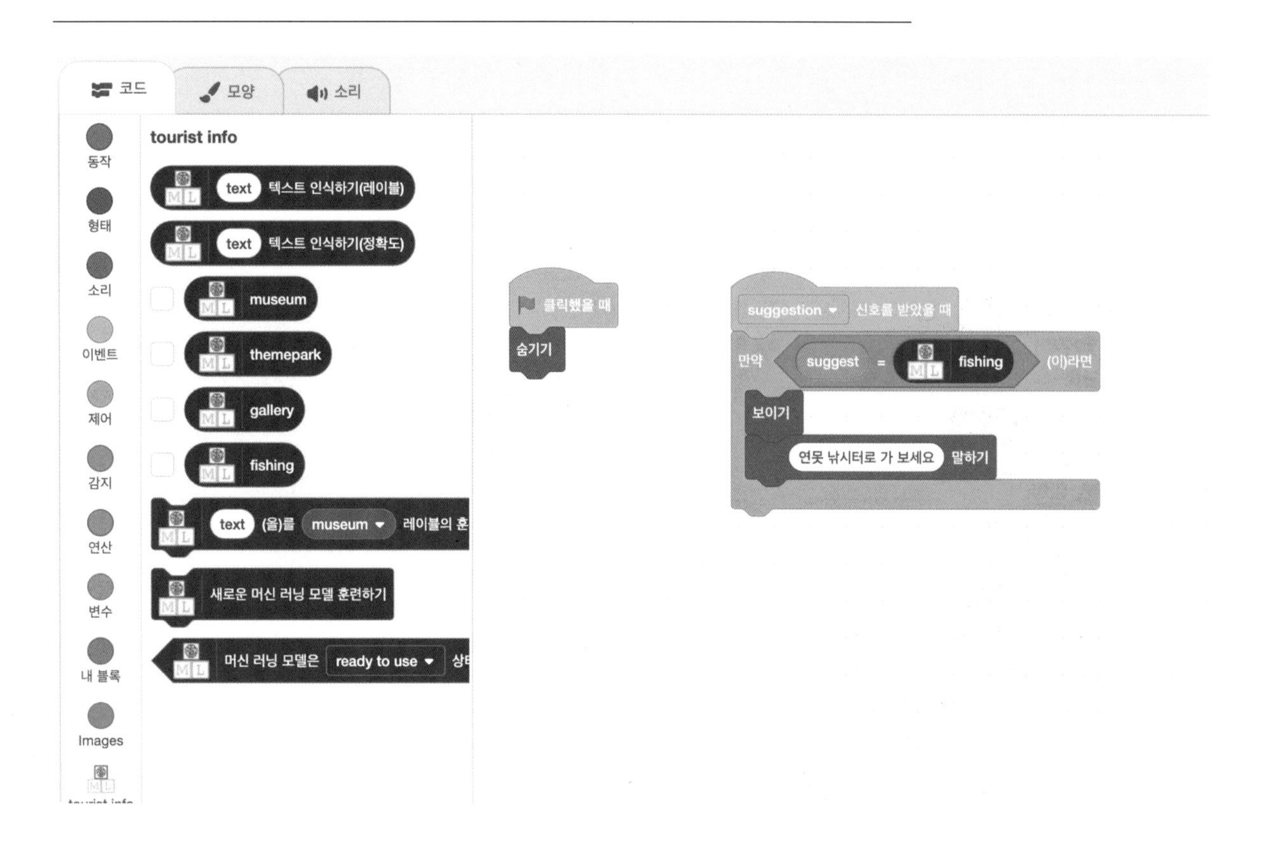

초록색 깃발을 클릭해서 프로그램을 테스트해 보세요. 여행에 관한 희망사항이나 요청을 입력하고 엔터 키를 눌러 보세요. 아까 샘플 데이터로 입력하지 않은 문장을 입력해야 해요. 방문하기에 적절한 곳을 추천해 주나요?

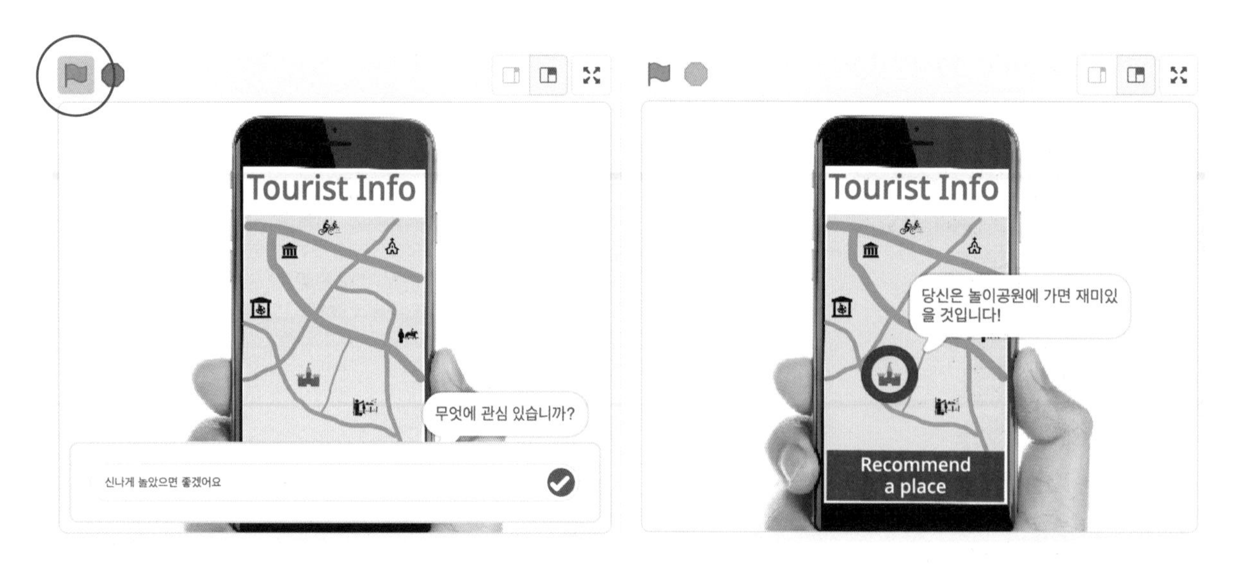

③ 정리하고 생각하기.

주변의 다른 사람들에게 관광객에게 던질 법한 질문을 알려 달라고 요청해 보세요. 더 많은 사람들의 예제를 얻을수록 더 다양하게 만들 수 있어요. 우리가 생각하는 것 이외의 다른 질문을 얻을 수 있기 때문이죠. 더 많은 샘플을 얻게 되면 인공 지능 컴퓨터는 더욱더 똑똑해져서 더 적절한 추천을 할 수 있답니다.

이전의 무작위 추천 여행지 선택 대신 인공 지능 컴퓨터를 사용하여 추천하도록 여행자 정보 봇(앱)을 수정했습니다. 이를 위해 인공 지능 컴퓨터를 각 여행 추천지에 대한 각종 희망 사항 및 요청 사항들을 샘플 데이터로 훈련시켰고 인공 지능 컴퓨터는 이러한 예제들의 패턴을 통해 규칙을 이해하고 단어의 선택과 문장의 구조화 방식을 배웠습니다. 그리고 이러한 인공 지능 컴퓨터를 이용하여 앱을 통해 질문 또는 희망 사항을 말했을 때 적절한 여행지를 추천하는 것을 볼 수 있었어요.

인공 지능 컴퓨터에 여러 가지 문장을 입력해서 특정 질문에 대한 답을 추천할 수 있다는 것을 배웠습니다. 질문에 대한 규칙을 작성할 필요 없이 그저 질문의 샘플 데이터들을 입력하였고 이를 가지고 인공 지능 컴퓨터는 단어 선택, 질문 구성 방식 등을 학습했어요. 이것들은 새로운 질문(비슷한 질문)을 인식하는 데 사용되었죠. 앞서 체험해 봤던 챗GPT는 이러한 여행 관련한 질문에 매우 훌륭하게 답한답니다. 그리고 답한 정보는 매우 정확도가 높으니 한번 다시 체험해 보세요.

2 인공 지능과 함께 일하는 세상

1. 사람을 도와주는 로봇

박사님 여러분 오늘은 사람을 도와주는 로봇을 살펴보려고 합니다. 예를 들면 의사, 간호사, 로봇이 함께 힘을 합해 환자를 돕거나 공장에서 사람과 로봇이 함께 상품에 라벨을 붙이고, 제품 배송을 준비합니다. 실제로 스웨덴에서는 로봇이 토마토, 새우 같은 특산품에 라벨을 붙여서 포장하고, 실어 나릅니다. 6시간 걸리던 과정이 로봇과 협업하면서 20분으로 줄어들었어요. 이러한 로봇을 바로 협동 로봇이라고 부릅니다.

말 그대로 사람과 같은 공간에서 상호 작용하면서 함께 일하는 로봇을 말합니다. 우리 주변에는 어떤 협동 로봇이 있을까요? 국내의 한 카페에서는 협동 로봇이 커피를 만들고, 칵테일을 만들며 사람과 협업합니다. 손님들도 단순히 커피만을 즐기는 것이 아니라 로봇과 상호 작용하는 것을 구경하지요. 협동 로봇은 바리스타와 협업해서 커피를 내리거나 음료를 흔들어서 칵테일을 제공합

니다.

이 밖에도 수제화 작업을 도와주는 **협동 로봇**도 있습니다. 작업자가 상체를 숙이지 않고, 작업을 할 수 있도록 신발의 위치와 각도를 조절해 주는 로봇이죠. 이 로봇에는 신발의 가죽과 밑창이 잘 붙을 수 있도록 하는 공정 기능, 가죽을 재단하는 기능, 사람 작업자에게 필요한 것을 가져다주는 다용도 핸드 기능이 탑재되어 있어서 이전보다 수월하게 신발을 만들 수 있답니다.

협동로봇이란?
인간과의 직접적인 상호 작용을 위해 설계된 로봇. 협동 로봇은 사람이 어떤 작업을 성공적으로 수행할 수 있도록 도와줍니다.

소면 박사님, 그럼 협동 로봇은 같은 일만 반복하게 되는 것인가요?

박사님 협동 로봇에 인공 지능 기술을 탑재한다면 사람과 소통하는 것도 가능하겠죠. 하지만 협동 로봇이 사람을 보조해서 반복적인 일을 하면, 사람들은 더 창의적이고, 효율적인 일에 전념할 수 있어요. 최근 협동 로봇이 가장 각광 받는 분야는 바로 의료 분야입니다.

협동 로봇의 팔을 이용하면 간호사와 의사가 환자를 수월하게 치료를 하고 돌볼 수 있습니다. 덴마크의 한 대학에서 훈련 로봇을 연구하고 있는데요. 훈련 로봇은 뇌졸중 환자의 교육 파트너가 되어서 전문 치료사와 함께 훈련 재활에 필요한 운동을 도와주고, 그 과정을 기록합니다. 이렇게 협동 로봇은 점점 우리 삶에서 중요한 역할을 담당해 가고 있는데요. 국제 로봇 연맹 발표에 따르면 2025년에는 협동 로봇이 전체 로봇의 37퍼센트를 차지할 것이라고 합니다. 사람과 기계의 공존을 추구한다는 것만 봐도 협동 로봇은 점점 다양하게 활용될 것 같지 않나요? 또 어떤 재미난 협동 로봇이 등장할지 아주 기대가 됩니다.

2. 사람을 대신하는 로봇

박사님 여러분, 앞서 사람들 도와주는 '협동 로봇'에 대해 살펴보았죠. 이번 시간에는 사람이 할 수 없는 일을 대신하는 로봇들에 대해서 살펴보려고 합니다. 사람이 하지 못하는데 로봇은 할 수 있는 일은 무엇이 있을까요?

소연 로봇은 사람보다 무거운 것을 잘 들 수 있을 것 같아요!

승현 제 생각에는 사람보다 강해서 뛰어내려도 멀쩡할 것 같아요.

박사님 맞아요. 지금 여러분이 얼추 맞혔어요. 예를 들어 지진, 산불과 같은 재난 상황에서는 사람이 수습할 수 없을 때가 있습니다. 그럴 때 사람의 일을 대신해 줄 수 있는 로봇이 있다면 어떨까요? 실제로 사람이 가기 힘들거나 위험한 곳에 투입되어서 사람의 작업을 대신하는 로봇이 있습니다. 바로 재난 대응 로봇입니다. 국내에서 개발 중인 **재난 대응 로봇**으로는 **암스트롱(ARMstrong)**이 있습니다.

암스트롱은 섬세한 손동작을 하고, 스스로 균형도 잡을 수 있도록 개발되었는데요. 한쪽 팔로 무려 100킬로그램의 무게까지 들어 올릴 수 있고, 손을 사용해서 가스관이나 수도관의 벨브를 여는 등의 섬세한 작업도 가능하다고 합니다. 또한 사고가 발생했을 때 사람을 대신해서 위험한 물질을 치우고, 사람을 구조하는 일에 투입될 예정이라고 하니 기대가 많이 됩니다.

재난 대응 로봇이란?
산불, 교통 사고, 지진과 같은 재난 현장에서 사람이 직접 가기 힘들거나 위험한 곳에 투입되어 사람의 작업을 대신하는 로봇을 말합니다.

암스트롱이란?
한국 원자력 연구원에서 개발한 재난 구조 로봇, 100킬로그램이 넘는 시멘트 더미와 드럼통을 치우고, 전진하며 두 팔로 강철 문을 열어 사고 현장에 들어가는 로봇을 말합니다.

또 다른 재난 대응 로봇으로는 **휴보(HUBO)**가 있습니다. 휴보는 사다리 타기, 벽 뚫기, 운전하기 등도 할 수 있어요. 2015년에 휴보는 로봇들의 대회에 출전해서 차량 운전, 문 열기, 벽 뚫기 등 여덟 가지 임무를 44분 28초 만에 완벽하게 수행해서 만점을 받았답니다.

휴보란?
카이스트에서 개발한 재난 대응 로봇으로 벽 뚫기, 사다리 타기, 운전하기 등의 정교한 작업이 가능한 로봇을 말합니다.

이렇게 재난 대응 로봇들의 능력이 뛰어나게 발전되자 사람들은 사람의 행동을 모방하는 '휴머노이드 로봇(humanoid robot)'과 재난 대응 기술의 결합도 기대하고 있습니다. 만약 이것이 가능해진다면 사람이 가지 못하는 곳에서 여러 일을 수행하는, 사람을 능가하는 수준의 로봇이 나올지도 모릅니다. 미래에는 영화 속 영웅처럼 사고 현장에 나타나서 모든 생명을 안전하게 구해 주는 로봇이 탄생할까요?

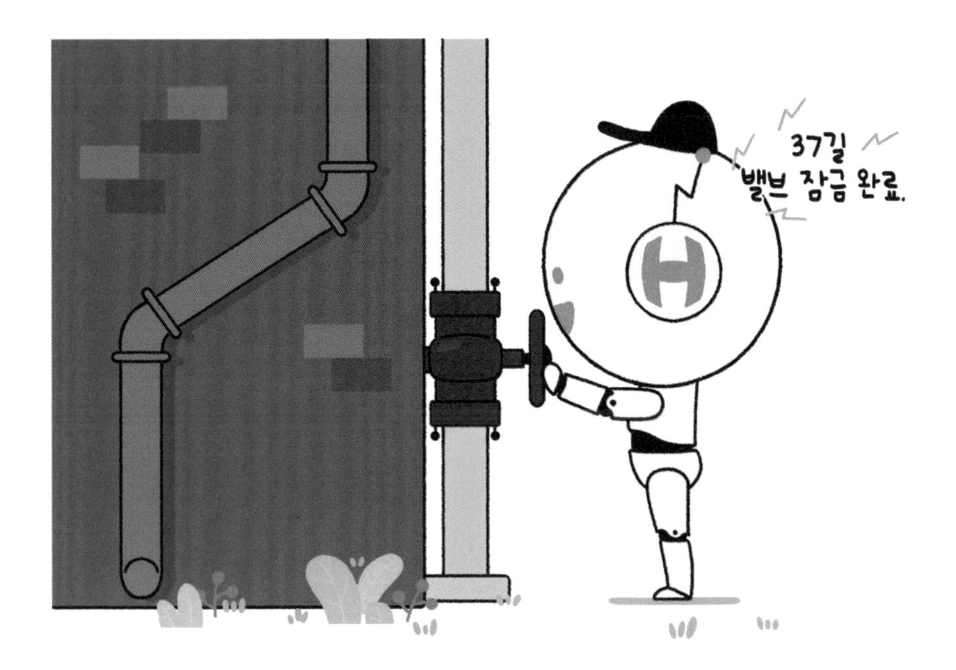

사고력과 창의력 키우기

기술이 발달하면서 사람을 도와주거나 대신해서 일하는 로봇이 많아지고 있습니다. 만약 여러분이 병원에 갔는데 협동 로봇이 의사를 도와서 주사를 놓으려고 한다면 어떻게 할 것인가요? 더 나아가서 의사는 없고, 협동 로봇만 여러분을 맞이한다면 치료를 받을 것인가요? 자신의 의견과 그에 따른 이유를 자유롭게 이야기해 봅시다.

사고력과 창의력 키우기

미래에는 사람이 하기 어려운 일을 처리해 주는 로봇이 나타난다고 합니다. 여러분은 그런 로봇이 있다면 어떤 일을 맡기고 싶은가요? 사람이 하지 못하는 이유는 무엇인가요? 자신의 의견과 이유를 이야기해 봅시다.

■ 활동1 인공 지능 키오스크 만들기

우편 번호로 우편을 분류하는 우편 분류 인공 지능 사무소를 만들어 볼 겁니다.

① 준비: https://machinelearningforkids.co.uk/ 에서 인공 지능을 훈련시키겠습니다.

② 프로젝트 만들기: 인식 방법은 '이미지'로 해 줍니다.

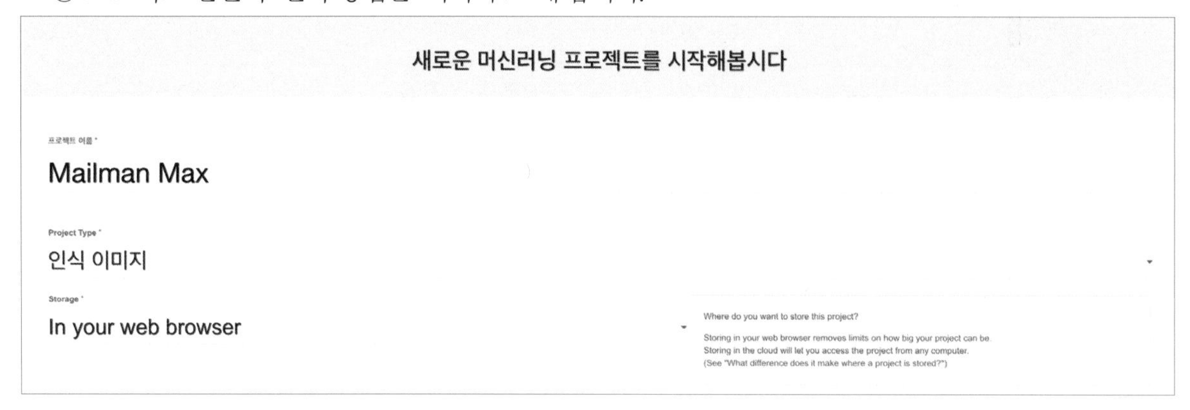

만들어진 프로젝트를 확인하고 클릭해 주세요.

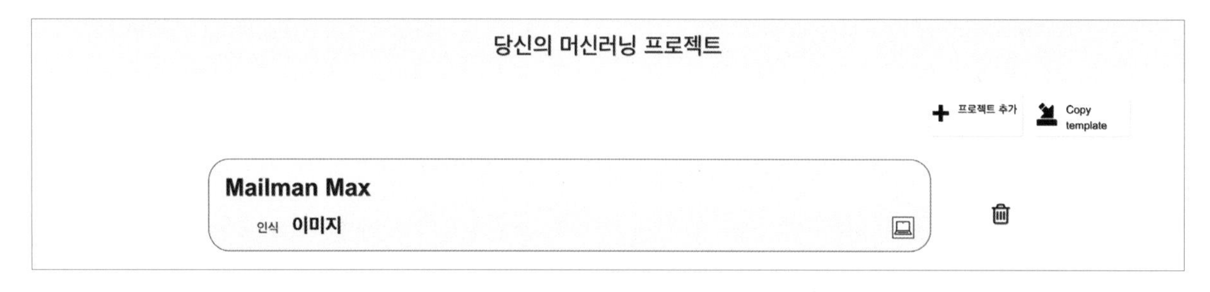

'훈련' 버튼을 눌러서 인공 지능 컴퓨터 훈련에 들어가 주세요.

'+새로운 레이블 추가' 버튼을 눌러서 'Oxford(옥스퍼드)'를 추가해 주세요. (한글로는 만들 수 없으니 반드시 영어로 해 주세요.)

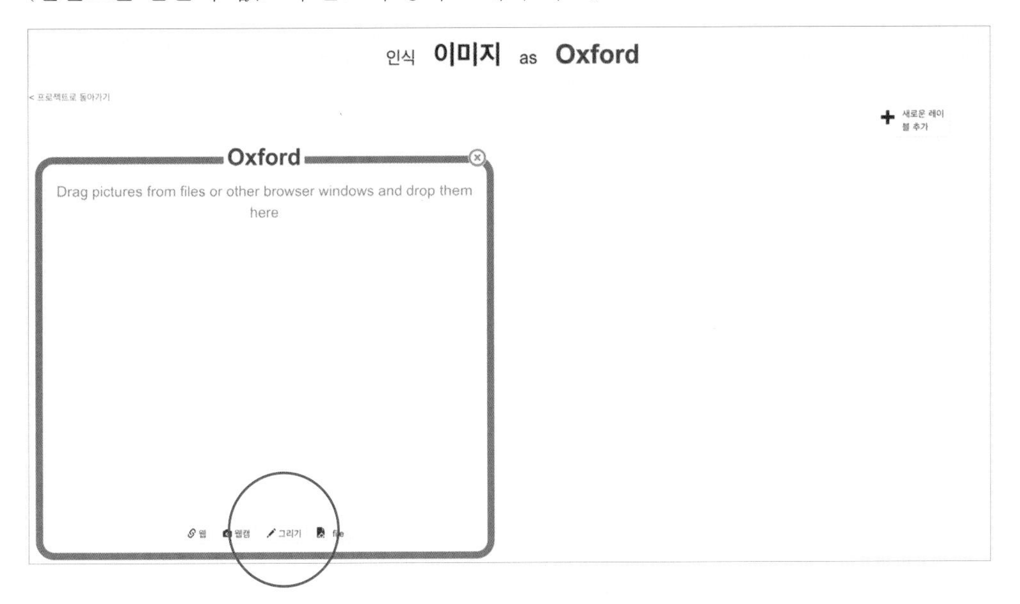

그리고 그리기 버튼을 눌러서 'Oxford'의 줄임말인 'OX'를 그려 주세요. 'OX'는 영국 옥스퍼드 지역의 우편 번호의 시작이랍니다. 다음 그림과 같이 상자 안의 모든 공간을 사용해야 됩니다.

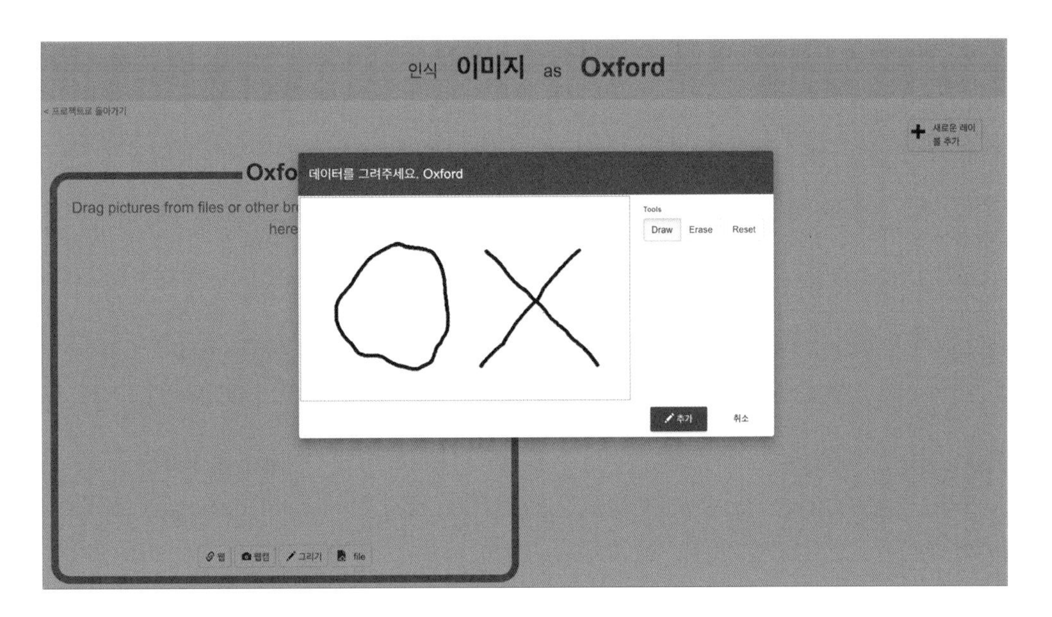

최소 10번 이상 그려 주세요.

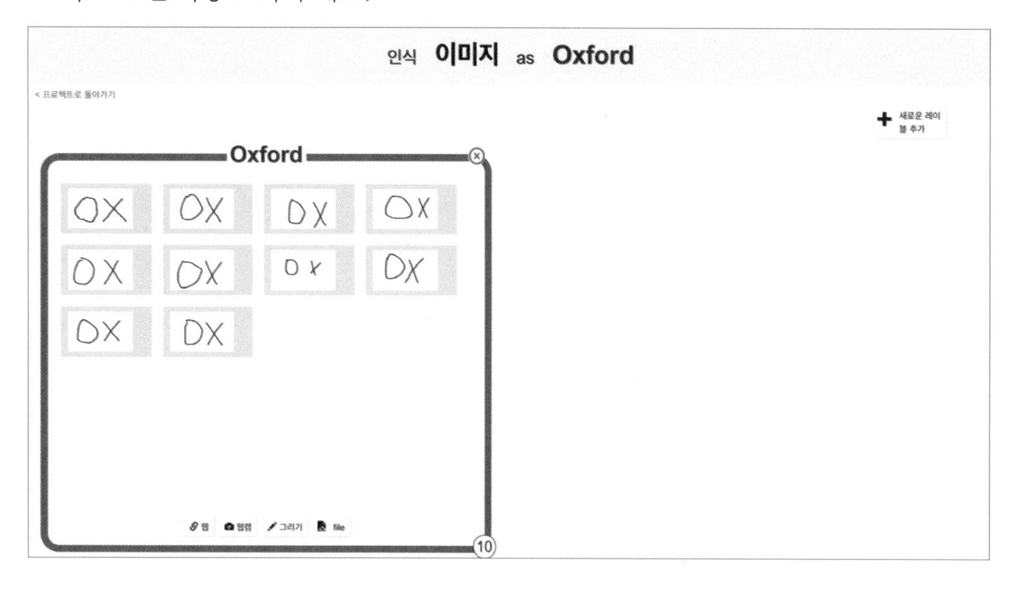

그리고 마찬가지로 'Guildford', 'Southamton' 레이블을 만든 뒤 각각의 줄인 영어 철자로 'GU', 'SO' 를 10개 이상 그려서 추가해 주세요. ('Guildford'는 길퍼드, 'Southamton'은 사우샘프턴으로 영국에 있는 도시 이름입니다. 더 많이 찍을수록 인공 지능 컴퓨터가 더 잘 인식합니다. 대신 각 레이블별 사진 수는 동일해야 합니다.)

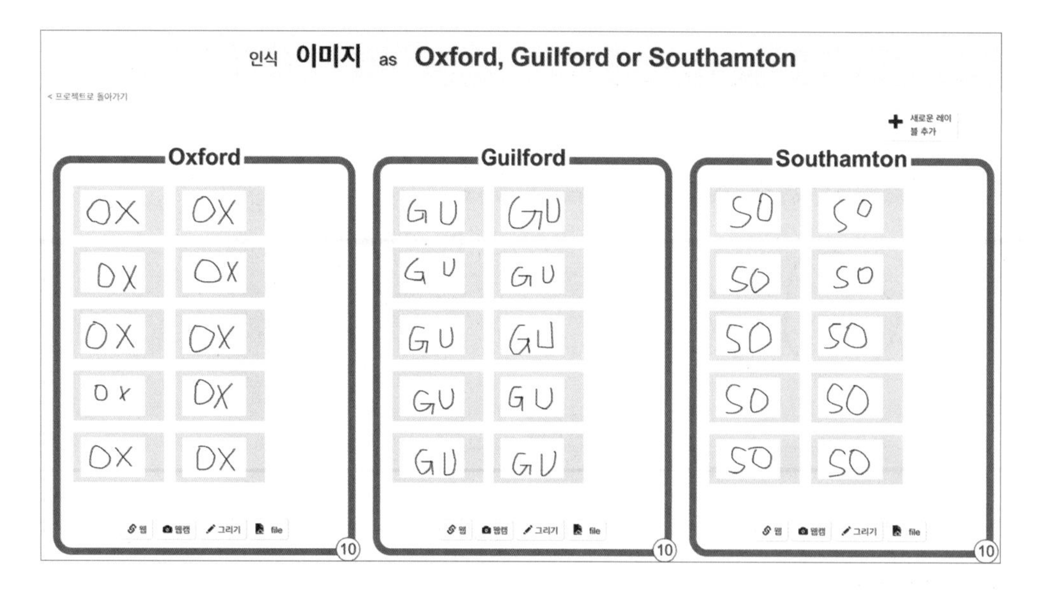

'프로젝트로 돌아가기'를 누른 후 '학습 & 평가' 버튼을 눌러서 학습 페이지로 옵니다.

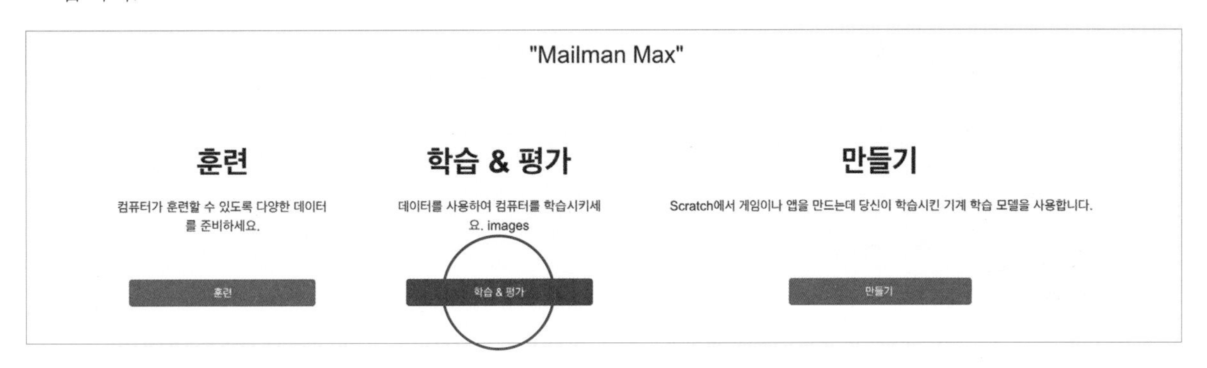

'새로운 머신 러닝 모델을 훈련시켜 보세요' 버튼을 눌러서 인공 지능 컴퓨터를 훈련시킵니다. (10분 이상 걸릴 수도 있어요)

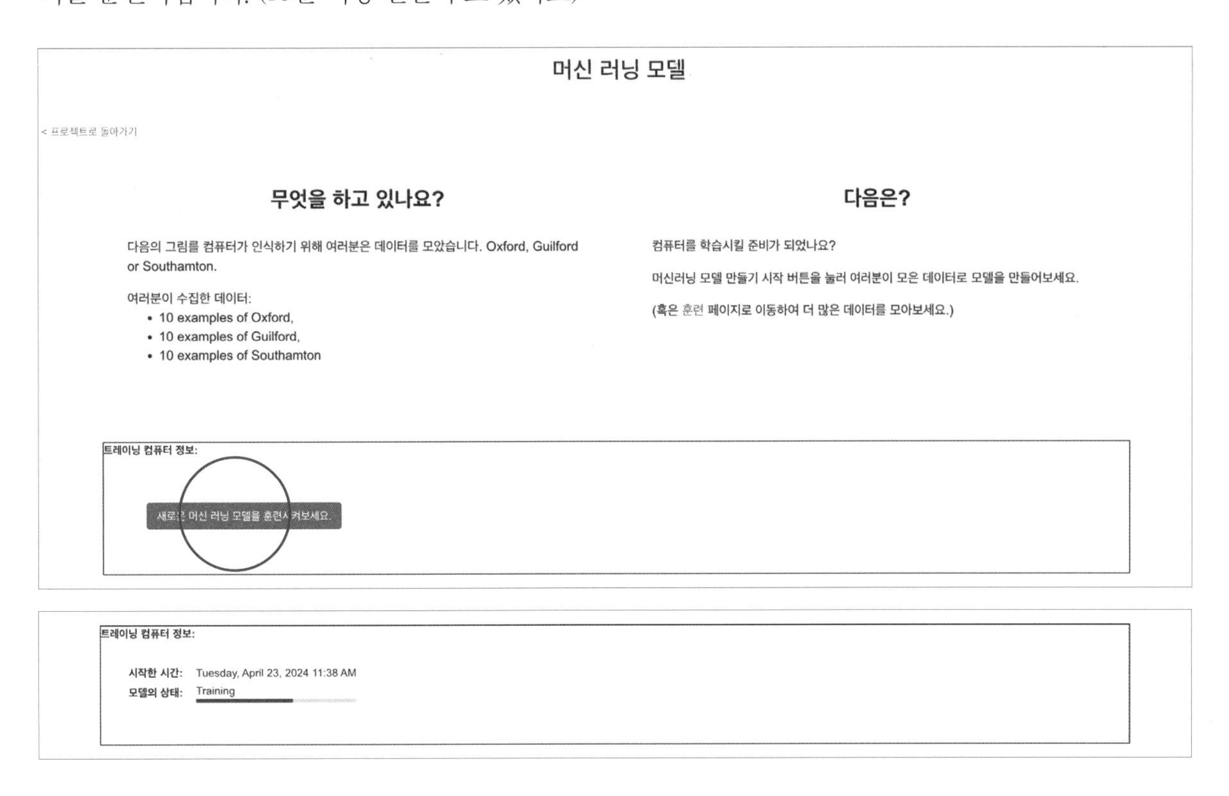

훈련이 완료되면 다음과 같이 됩니다.

여러분의 모델이 잘 학습되었는지 확인하기 위해 이미지를 넣어보세요.

웹캠으로 테스트하기 그림 그리기로 테스트하기

Test with a web address for an image on the Internet 인터넷 자료로 테스트하기

트레이닝 컴퓨터 정보:

시작한 시간: Tuesday, April 23, 2024 11:38 AM
모델의 상태: Available

모델 삭제

새로운 머신 러닝 모델을 훈련시켜보세요.

지금까지 우리는 직접 마우스 그리기로 옥스퍼드, 길퍼드, 사우샘프턴 지역의 우편 번호의 시작인 'OX', 'GU', 'SO'를 각각 10개씩 샘플 데이터를 등록했고 인공 지능 컴퓨터에 학습시켰습니다. 인공 지능 컴퓨터는 여러분이 그린 각 샘플 데이터의 모양에 따라 패턴을 학습합니다. 이것은 이제 곧 봉투에 쓸 우편 번호를 인식해서 분류할 수 있도록 사용될 거예요.

자 이제 이렇게 훈련된 인공 지능 컴퓨터를 이용해 본격적으로 우편 배달부 프로그램을 만들어 볼까요?

'프로젝트로 돌아가기' 누른 후 '만들기' 버튼을 누른 다음 '스크래치 3'을 선택합니다.

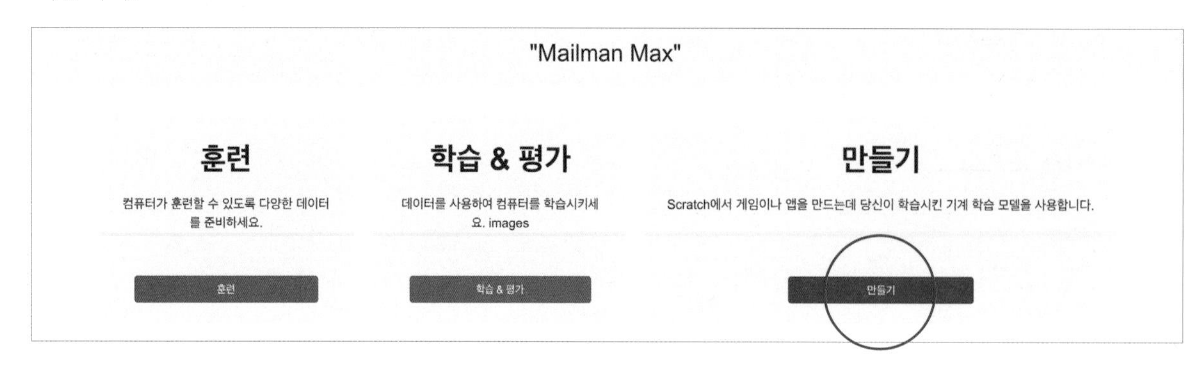

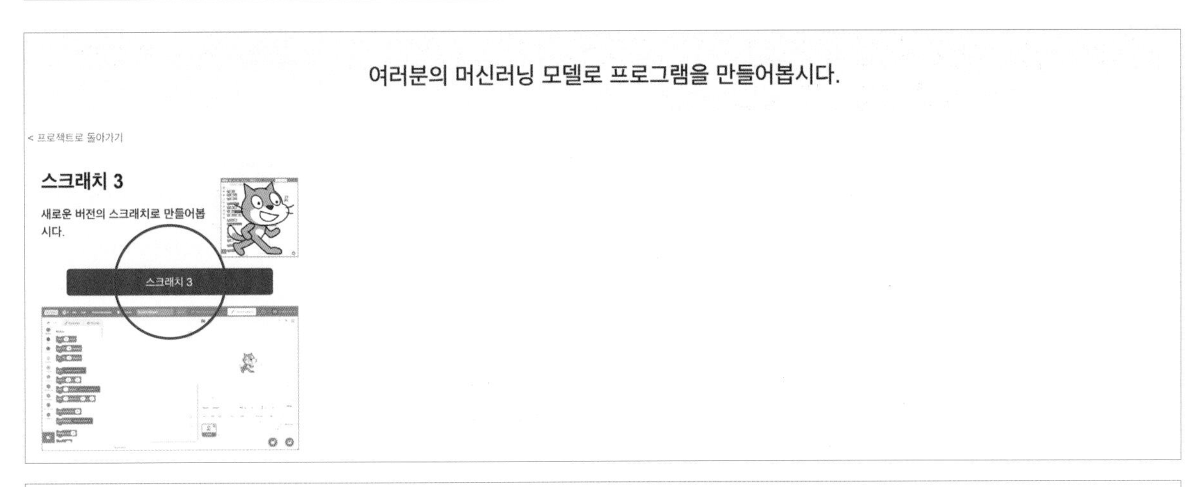

왼쪽 위의 '프로젝트 템플릿'을 클릭해 '우편 배달부' 템플릿을 선택합니다.

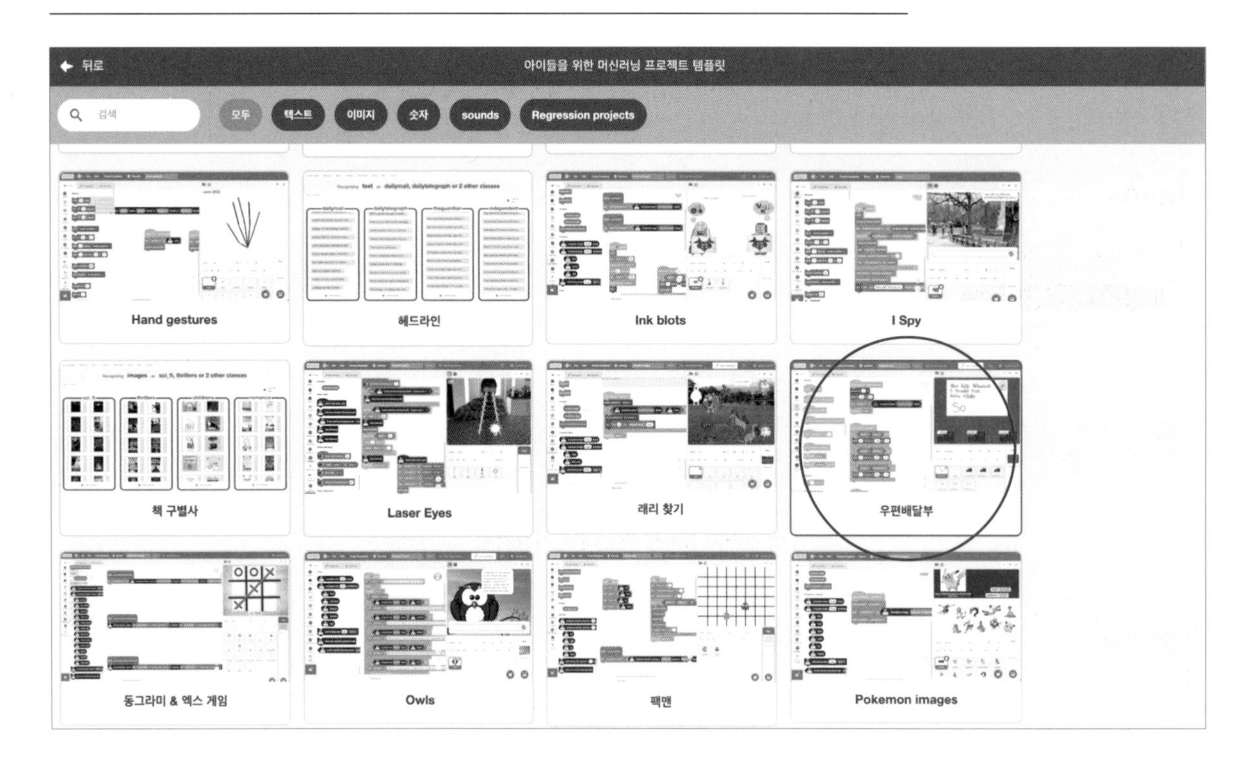

'postcode' 스프라이트가 제대로 선택되어 있는지 확인하고, 다음 그림에서 초록색 깃발이 클릭되었을 때의 코드 블록을 찾아서 다음과 같이 수정하도록 합시다.

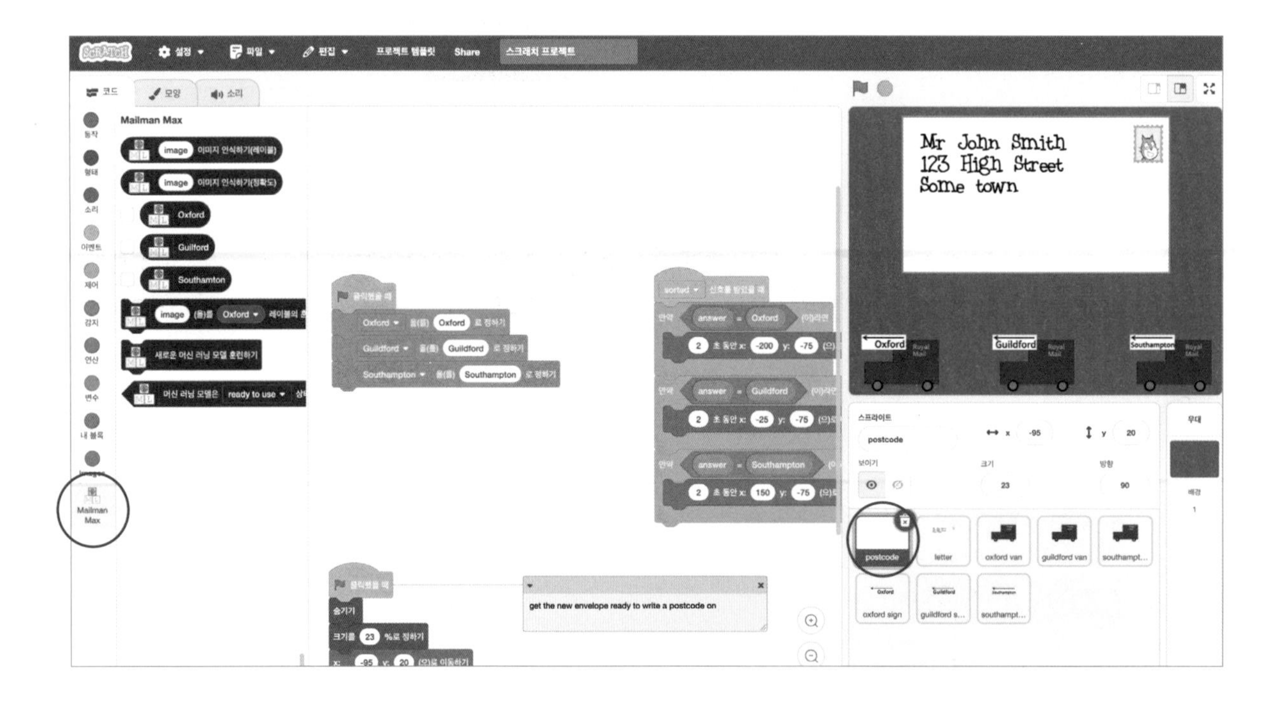

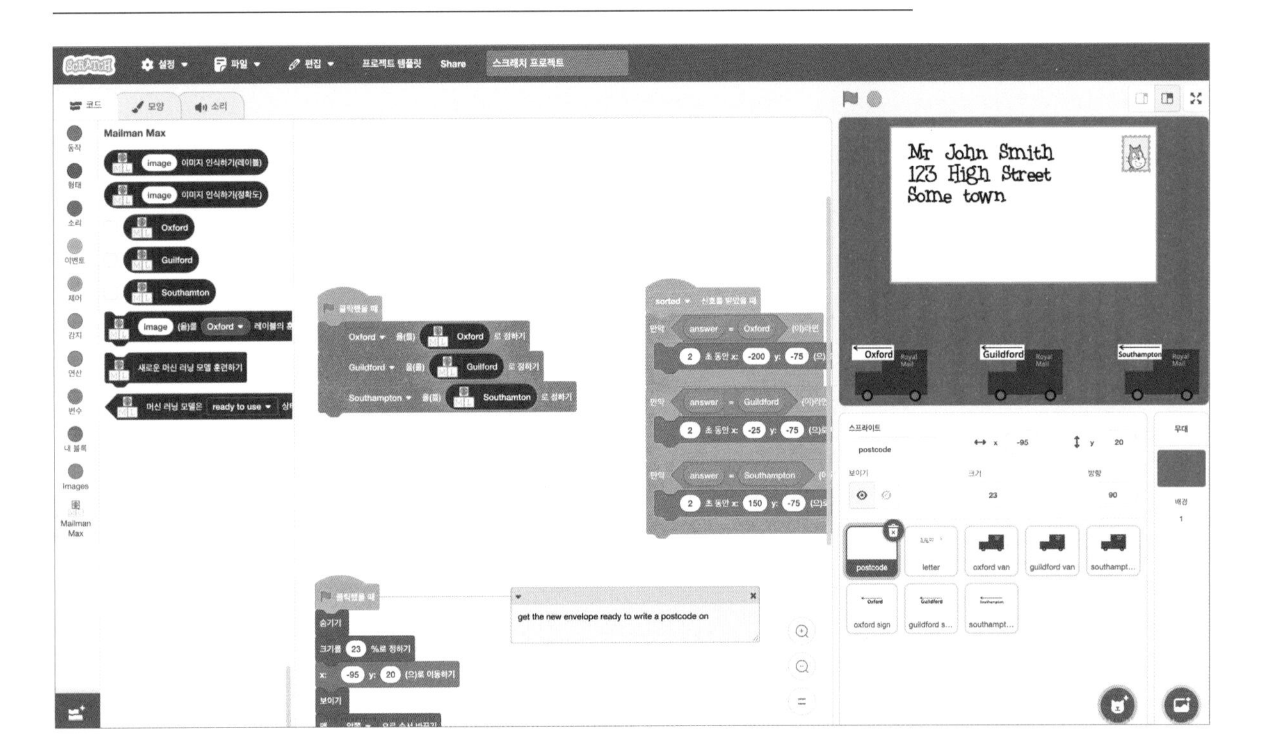

초록색 깃발을 눌렀을 때 Oxford, Guildford, Southampton 저장 공간에 우리가 만들어 준 레이블 이름을 각각 대입합니다.)

여전히 'your postcodecard' 스프라이트가 선택된 상태에서 아래 그림의 코드 블록을 추가합니다.

('start sending' 신호를 받게 되면 일단 스프라이트 크기를 7퍼센트로 줄이고 (-30,55) 위치로 이동시킨 다음 'answer'에 배경 스프라이트를 인공 지능 컴퓨터로 인식한 결과 레이블 값을 넣어 둡니다. 그리고 'sorted' 신호로 보내서 분류하게 됩니다.)

혹시 모를 때를 대비해 왼쪽 위에서 '파일', '컴퓨터에 저장하기' 순서로 버튼을 눌러 스크래치를 저장합니다.

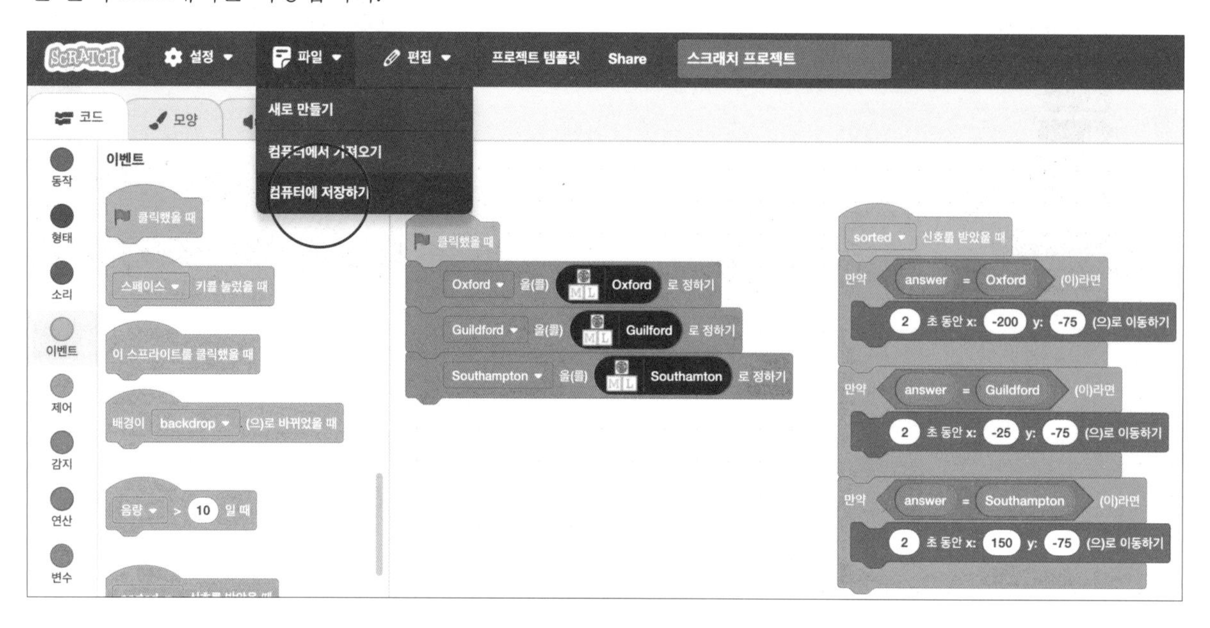

'postcode' 스프라이트를 선택한 것을 확인하고 '모양' 탭으로 이동합니다.

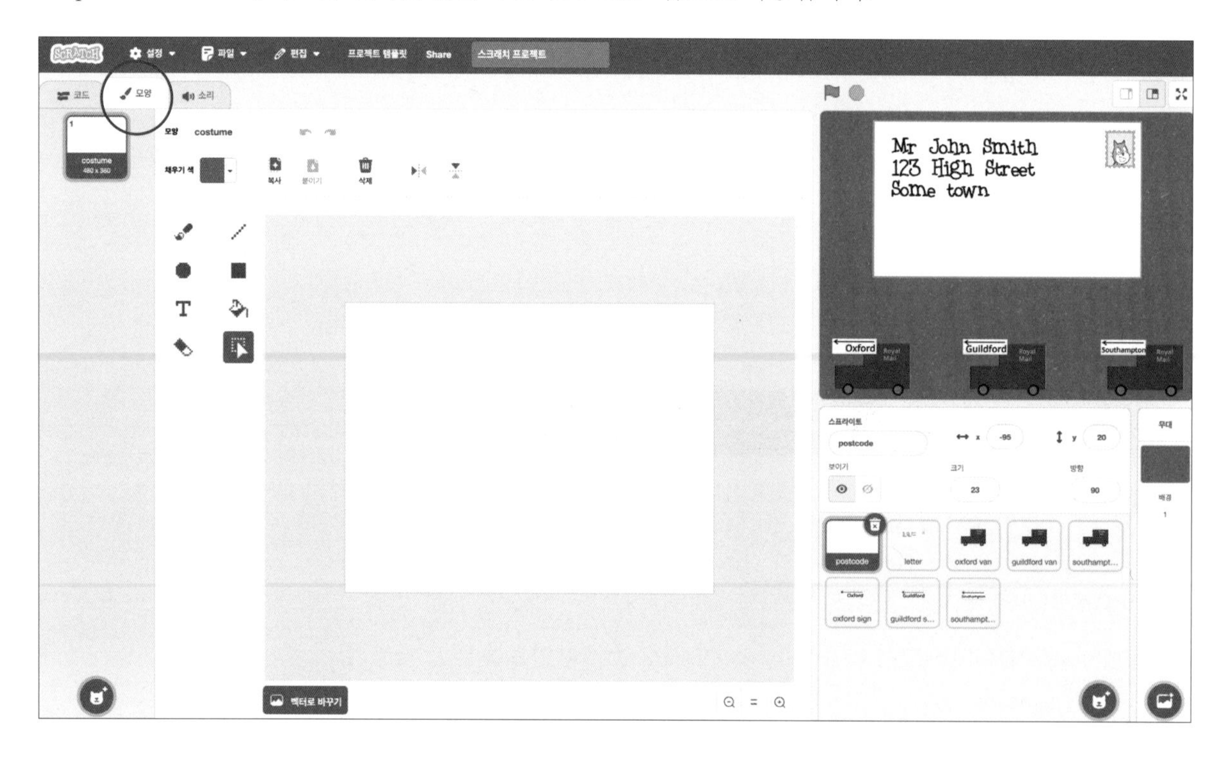

다음 그림과 같이 '추가하기'에서 '그리기' 버튼을 눌러서 조금 전에 샘플 데이터를 그리듯이 우편 번호 코드를 그려 줍니다.

아래 그림과 같이 'Guildford'의 우편 번호 처음 두 글자인 'GU'를 그리고, 초록색 깃발을 클릭해서 프로그램을 시작하세요! 편지에 붙어 있는 우표를 누르면 인공 지능 컴퓨터가 인식해서 자동으로 알맞은 우편 배송 트럭으로 이동됩니다.

그리기를 추가하여 다른 우편 번호로 테스트해 볼 수 있어요. (만약 올바르게 동작하지 않는다면 샘플 데이터를 추가하는 부분으로 돌아가 샘플 데이터를 더 많이 추가해 보세요.)

③ 정리하고 생각하기.

여러분은 영국의 도시인 'Oxford', 'Guildford', 'Southampton' 지역의 우편 번호의 시작 두 글자를 인공 지능 컴퓨터가 인식할 수 있도록 훈련시켰습니다. 훈련시키기 위해서 제공한 샘플 데이터는 여러분이 직접 마우스로 그려서 제공했고요. 인공 지능 컴퓨터는 각 샘플 데이터의 모양에 따라 패턴을 학습했어요. 그렇게 우리의 우편 번호 시작 두 글자 필기 모양을 인식한 인공 지능 컴퓨터는 우편물을 알맞은 배송 트럭에 분류해 주었습니다.

인공 지능 컴퓨터를 우편 번호 인식을 수행할 수 있도록 훈련시켰습니다. 이렇게 문자를 인식하는 것을 '광학 문자 인식' 또는 'OCR(Optical character recognition)'라고 해요. 우리는 간단하게 우편 번호 3개의 처음 두 글자만 사용해서 간단한 예를 작성했지만, 실제로는 국가의 모든 우편 번호 영역에 대해 동일한 작업을 한다고 상상해 보세요. 훨씬 많은 샘플 예제가 필요할 것이고 그것들 또한 각각의 다른 필체로 이뤄져야 인공 지능 컴퓨터가 더욱더 능숙해질 거예요. 그리고 이것이 실제로 우체국에서 우편을 분류하는 방법이랍니다.

지금까지 여러분은 마우스로 두 글자를 그려 컴퓨터가 우편 번호를 인식하도록 훈련시켰지만, 다른 사람이 그려도 인공 지능 컴퓨터가 인식할 수 있을까요? 친구들에게 테스트를 부탁하여 작동하는지 확인해 보세요. 만약 잘되지 않으면 더 많은 양의 필기 샘플을 입력해야 됩니다. 사람 수와 샘플 양이 많을수록 다양한 필기 스타일을 인식하게 될 거예요. 그리고 더 많은 우편 번호를 사용해 보세요. 지금 우리는 간단한 테스트를 하기 위해 영국의 도시 이름 영문 철자 앞 두 글자를 이용했지만 우리나라의 지역 우편 번호를 전부 다 적어서 테스트를 해 보세요. 물론 샘플 데이터는 각 레이블당 10개 이상 필요할 거예요.

저자 소개

김재웅 현재 중앙대학교 첨단영상대학원 교수로 재직 중이다. 홍익대학교 대학원, 독일 슈투트가르트 국립 조형 예술 대학을 졸업하였으며, 2002년 FIFA 월드컵 개막식 아트 영상 감독, 2005년 아이치 엑스포 한국관 자문 위원, 2008년 베를린 공과 대학 교환 교수, 2014년 BIAF 집행 위원장, 2022년 현재 한국문화예술교육진흥원 교육 과정 심의 위원을 맡고 있다. 옮긴 책으로는 『혼자 가는 미술관』 등이 있다.

김갑수 현재 서울교육대학교 컴퓨터교육과 교수 및 대학원 인공 지능 과학 융합 교수로 재직 중이다. 서울대학교 계산통계학과 전산 과학 전공으로 학사, 석사 및 박사를 취득하였고, 삼성전자 연구소에서 근무한 바 있다. 한국정보교육학회 회장, 한국정보과학교육연합회 공동 대표를 역임하였고, 현재 서울교육대학교 과학영재교육원 원장 및 소프트웨어영재교육원 원장을 맡고 있다.

김정원 현재 서울교육대학교 생활과학교육과 교수로 재직 중이다. 서울대학교 식품 영양학과에서 학사와 석사를, 미국 펜실베이니아 주립 대학교에서 박사 학위를 취득하였다. 미국 알칸소 대학교에서 연구원으로, 오스트레일리아 브리즈번 대학교에서 방문 연구원, 한국보건산업진흥원에서 책임 연구원으로 근무한 경력을 가지고 있다. 한국식품조리과학회 회장, 한국실과교육학회 부회장, 한국다문화교육학회 이사, 식품의약품안전처 식품 위생 심의 위원 등을 역임하였고, 저서로는 『스마트 식품학』, 『Food Safety First 식품 위생학』, 『초등 실과 교육』, 『학교 다문화 교육론』 등이 있다.

김세희 이화여자대학교 서양화과를 졸업하고 움직이는 영상에 관심을 가져 중앙대학교 첨단영상대학원 애니메이션 제작 석사 과정을 밟았다. 영국 켄트 대학교에서 순수 예술 석사를 졸업하였으며 주영 한국 문화원, 바비칸 센터 등에서 영상과 회화 작품을 전시하였다. 영상 콘텐츠와 이미지, 애니메이션에 대한 연구를 지속하며 중앙대학교 첨단영상대학원에서 박사 학위를 취득하였다. 현재 여러 대학교에서 애니메이션, 영상 콘텐츠 이론과 실기 등을 강의 중이다. 첨단 영상 콘텐츠의 이론과 표현에 대하여 연구하고 작품 활동을 지속하고 있다.

진종호 중앙대학교 첨단영상대학원 애니메이션 제작 석사 과정을 졸업하고 AR, VR, XR, 모션 캡처, 디지털 휴먼 관련 다수의 프로젝트를 수행하였다. 현재 여러 대학에서 3D 컴퓨터 그래픽과 인터랙티브 아트 실기 과목을 강의 중이며 주식회사 바만지의 대표 이사로서 메타버스와 XR 콘텐츠 제작 활동을 지속하고 있다.

이문형 VFX 제작 회사인 덱스터 스튜디오에서 라이팅 아티스트로 근무하며 영상 콘텐츠 제작에 관심을 가져 중앙대학교 첨단영상대학원 애니메이션 제작 석사 과정을 졸업하였다. 현재 중앙대학교 첨단영상대학원의 영상 정책 박사 과정을 수료하였으며, 여러 대학에서 3D 애니메이션을 중심으로 이론과 실기 과목을 강의 중이다. 융합 콘텐츠에 대해 연구하며 콘텐츠 제작 활동을 지속하고 있다.

감수 최종원 카이스트에서 학사와 석사 학위를 취득하고, 서울대학교에서 인공 지능을 주제로 박사 학위를 취득하였다. 박사 과정 중 영국 임페리얼 칼리지 런던에서 인공 지능의 융합 연구를 수행하였고, 졸업 후에는 삼성SDS의 인공 지능 기반 플랫폼을 위한 기술을 연구하였다. 현재 중앙대학교 첨단영상대학원에 전임 교원으로 재직 중이며, 인공 지능의 효율적 학습을 위한 기초 연구와 콘텐츠, 문화 유산을 위한 인공 지능 연구를 수행하고 있다.

초등학생을 위한
인공 지능 교과서 2

1판 1쇄 찍음 2023년 12월 15일
1판 1쇄 펴냄 2023년 12월 31일

지은이 김재웅, 김갑수, 김정원, 김세희, 진종호, 이문형
그린이 최연우, 박새미
감수 최종원
기획 중앙대학교 인문콘텐츠연구소 HK+ 인공지능인문학사업단
펴낸이 박상준
펴낸곳 (주)사이언스북스

출판등록 1997. 3. 24.(제16-1444호)
(06027) 서울특별시 강남구 도산대로1길 62
대표전화 515-2000, 팩시밀리 515-2007
편집부 517-4263, 팩시밀리 514-2329
www.sciencebooks.co.kr

979-11-92107-10-3 04400
979-11-92107-08-0 (세트)

이 저서는 2017년 대한민국 교육부와 한국연구재단의 지원을 받아 수행된 연구임
(NRF-2017S1A6A3A01078538)